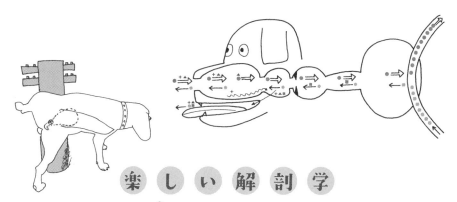

楽しい解剖学

続 ぼくとチョビの体のちがい

第2版

佐々木文彦

学窓社

はじめに

　この本を見たとき、多くの読者は、「人と犬の体にちがいがあるのはあたり前じゃないの」と思われたにちがいありません。2億2,000万年前に爬虫類から哺乳類の祖先（今のマウスに似ています）が分化しました。このとき、ぼくらの祖先は同じときに現れた恐竜から逃れるような生活を送っていました。6,500万年前に恐竜が絶滅すると、地球は哺乳類の天国となりました。このときから、さらに分化・進化して現在生きている哺乳類となりました。このように、人も犬も祖先は同じですが、食性、歩行、神がかりな偶然などが重なってちがいが生まれました。

　今、犬はペットではなく伴侶動物として、人にとってかけがえのない家族の一員となっています。なるべく長く一緒に楽しく生活するために、人は愛犬のためにいろいろと世話をしなければなりません。そのため、犬の体のつくりがどのようになっているか、人とどこが同じでどこがちがうかを知ることは大切です。人や犬の体のつくりを学ぶ解剖学の専門書は多くありますが、どれも難し過ぎると思います。事実、人や動物の医療を学ぶ学生にとっても解剖学は厄介な学問なのですが、同時に大切な学問でもあります。前作『楽しい解剖学　ぼくとチョビの体のちがい』と同じく、本書は漫画を読むようなつもりで、犬の解剖学を学んでいただけるようにまとめたつもりです。犬と楽しく生活するにあたって必要な知識を多く集めました。もちろん、犬の解剖学の教科書にはのっていないユニークな話もたくさん入れました。一言でいえば、人では脳と目が、犬では嗅覚が抜群に優れています。ちがいは読んでいただいてからのお楽しみです。本書の対象は、人や動物の医療を学ぶ学生はもちろん一般の犬好きのかた、小・

3

中学生です。前作は小・中学校指定図書に推薦されました。

　この本を読まれた時、解剖学は難しいと思われるかもしれません。でも、何もかも分かろうと思わずにザッと読んでください。例えば、「犬の鼻が抜群に臭いを感じるカラクリ」では、鼻腔内の色々な名前や形は無視して読んでください。「アッ！ここが違うからだ」というところを見つければ○Kです。鼻腔内の形や名前まで理解したい場合は時間をかけて読むといいです。全て、この方法を使ってください。

　前作では体、頭、骨、脊柱、耳、目、筋肉、皮膚、生殖器、消化器、歯について説明しました。本書は呼吸器、循環器、泌尿器、神経、内分泌、細胞からなります。改訂に際して発生学を加えました。2冊あわせると教科書としても使えるように配慮しました。今回の本では「犬の鼻が抜群に臭いを感じるカラクリ」、「浅速呼吸（犬が散歩に行ったときに、ゼイゼイする呼吸）ってなに？」、「人の脳の優れている点（たくさんあります）」、「犬の左脳と右脳にちがいが見られる？」などをとくに注目してください。発生学は本書の「目玉」です。

　本書を読み終わったとき、犬が人より優れているところ、劣っているところをご理解いただけていると思います。本書が、あなたの愛犬をより理解して、ともに楽しく生活する一助になれば幸いです。

　豆知識は、その章を読んでいただくための基礎知識です。まず、そこから始めてもらうと、より理解できると思います。どうしても専門的な用語が入ってしまいますが、気にせずに（地図を見るときに難しい場所の名前に出会ったつもりで）読んでください。

ウズ君、ありがとう

　ウズは、２カ月齢のときに家族がペットショップで気に入って私にプレゼントしてくれたビーグルの雄犬です。というのは、飼っていたチョビが前年、肥満細胞腫という癌で亡くなった（享年14歳）のと私が大阪府立大学を定年退職して新しい職場に就職したという事が重なったためです。

私は、大学に勤めていたころから、犬と一緒に老人ホームでボランティア活動をしたいと思っていました。ウズが２歳のときからボランティア活動に参加しまして、12年間続けました。

　ウズは、昨年４月に急に悪性のリンパ腫になりました。抗がん剤で治療をして頂きましたが、回復しませんでした。皮膚にたくさんの腫瘍がでたので、毎日の様にシャンプーしました。気持ちよさそうな顔を今も忘れることはできません。亡くなる前日の散歩のほとんどは抱っこでしたが、私の胸の中で手足を嬉しそうに動かして歩いていました。自分で歩いた少しの道中は一生懸命歩を進めていました。６月に、ウズが亡くなって（享年14歳）からの私の散歩は、めっきり減り体力の衰えを感じています。

　私は、歯学部と医学部で40年間、約500体の人体解剖をさせていただき、その後18年間獣医学科で犬を含めた色々の動物の解剖をしました。この約40年の経験を糧にして、「人と犬の体のちがい」の本を執筆しましたが、犬の体に触れて確かめたいところもありました。そのたびに、ウズの体で勉強させてもらいました。それで、ウズは、私の大切な子供、ボランティア活動の仲間、健康のトレーナー、犬の体の先生でありました。「ウズ君、有意義で楽しい14年間ありがとう」。

　３年前に、ウズと散歩した時、蝋梅の実を２個もらい、その種５

個を撒きました。その内の1つだけ芽がでて木になりました。本年、ウズがよく日向ぼっこをしていた庭の一角に高さ20cm位に成長したその若木を植えて、ウズだと思って世話しています。ドンドン成長しています。

もくじ
CONTENTS

STEP 1 呼吸器

STEP 2 循環器系

STEP 3　泌尿器

STEP 4　神経

STEP 5　内分泌

STEP 6　細胞

STEP7　発生

STEP 1 呼吸器

どうやって空気を吸ってるの？

◆ 豆知識 ◆

呼吸器のメンバーと働き

呼吸器は鼻腔、咽頭、喉頭、気管、気管支、肺からなります（図1の1）。呼吸器は鼻腔に続いて、人では下のほうに向かいますが（図1の1a）、犬では後ろのほうに向かいます（図1の1b）。

呼吸器の働きは次の3つです（図1の2）。

❶呼吸します。

❷臭いを嗅ぎます⇨犬のほうが抜群に優れています。

❸声を出します⇨人のほうがいろいろな声を出せます。

この章では、「呼吸器がなぜそのような働きができるのか」と「人と犬とのちがい（とくに、臭いにかかわる鼻のつくりのちがい）」をお話しします。

鼻の入り口はどうなってるの？

人でも犬でも、鼻の（入り口の）穴を外鼻孔といいます。外鼻孔を囲む膨らんだところを鼻翼（コバナ）といいます（図1の3）。犬の外鼻孔を囲む毛のないところを鼻平面といいます。鼻平面については前作の『ぼくとチョビの体のちがい』のp.19〜22で詳しく紹介しています。

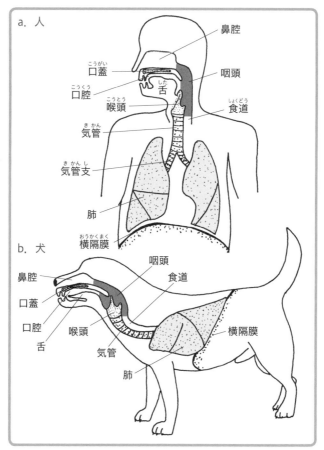

図1の1　人と犬の呼吸器
呼吸器は鼻腔から肺までです。咽頭は呼吸器でも消化器でもあります。

❶ハアハア
散歩大好き！

❷クンクン
お友達の臭いだ！

❸ワンワン！
散歩に行こうよ！

図1の2　ウズの表情
呼吸器の働きは、❶呼吸をする❷臭いを嗅ぐ❸声を出す。

図1の3　ぼくとウズの鼻
コバナ（鼻翼）と外鼻孔を比べてみて！

鼻腔にはどんな働きがあるの？

　みなさんは、鼻は顔のアクセサリーだと思っているかもしれません。
呼吸器はp.13の❶〜❸のような働きをするため、肺に行く空気を加
工しなければなりません。そのときに鼻は、

ⓐ吸い込んだ空気のゴミを除きます。

ⓑ空気を暖めます。

ⓒ空気を湿らせます。

という大切な仕事をします。

鼻腔のつくり

　鼻腔とは鼻の穴（外鼻孔）で体の外に通じ、後ろの穴（後鼻孔）で
咽頭に通じている空間です（図1の4、7）。鼻腔の内、鼻翼（コバナ）で
囲まれたところをとくに鼻前庭（字の通り、鼻の前庭という意味です）
といいます。鼻腔は鼻前庭と狭い意味の鼻腔にわかれます。今後、本
書で鼻腔というときには、狭い意味の鼻腔のことです。

家で例えると、鼻前庭は玄関で、鼻腔は居間です。みなさんは家に帰ると玄関でホコリをはたき、靴を脱ぎ、傘を置いて居間に入ると思います。鼻は家と似ています。同じように、吸い込んだ空気と一緒にゴミが体の中に入らないように鼻前庭で防いでいます。

人の鼻はどうしてつき出てるの?

人で一般に鼻と呼ばれているところを外鼻といいます。鼻がつき出ているのは人だけです。前作の図2の1 (p.17〜18) で話したように、人は長い進化の間に頭が大きくなり、顎が小さくなりました。そのため鼻の骨が取り残されて出ているのです。同時に鼻の穴は下を向きました (犬では前を向いています)。

つき出た鼻は、40万年前〜4万年前に生きていた旧人 (ネアンデルタール人) の頃からみられはじめ、20万年前に現れた新人 (クロマニョン人) は、3万年前〜2万年前に現代人のようになりました。

鼻前庭は人と犬でちがう?

人の鼻前庭はコバナで囲まれ、皮膚の続きでおおわれています。したがって皮膚のように毛が生え、脂腺や汗腺があります (図1の4a)。鏡で自分の鼻前庭を見てみればわかります。

犬の鼻前庭もコバナで囲まれていて、前を向いた鼻の穴から覗くと行きどまりのように見えます。鼻平面と同じ皮膚でおおわれているので (図1の4b)、人とちがって毛も生えていないし、脂腺や汗腺もありません。鼻前庭にはサラサラの液 (涙と鼻腺の液) が出ていて、鼻平面を濡らしています (図1の5)。この液は、鼻腔に入ったゴミを咽頭へ運ぶ手助けもしています。

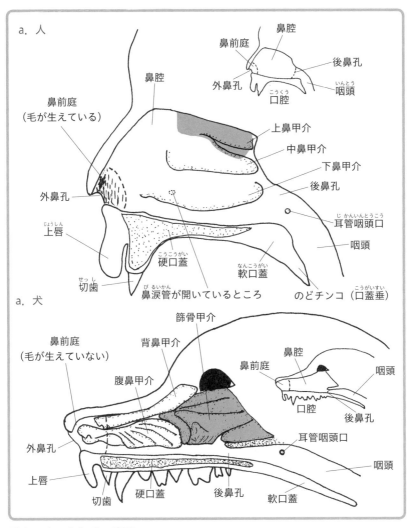

図1の4　人と犬の鼻腔

(a) 鼻腔は外鼻孔と後鼻孔の間で、鼻前庭と（狭い意味の）鼻腔にわかれます。鼻前庭は外鼻孔と破線の間です（コバナの内側）。鼻腔は骨の小さな突起（上鼻甲介、中鼻甲介、下鼻甲介）により空気の通る道が広くなっています。上鼻甲介のところには嗅細胞があります（ピンク色で示しています）。

(b) 鼻腔は破線により、鼻前庭と狭い意味の鼻腔にわかれます。鼻腔に突出している骨（背鼻甲介、腹鼻甲介、篩骨甲介）が鼻腔を埋めています。篩骨甲介には嗅細胞がたくさんあります。

17

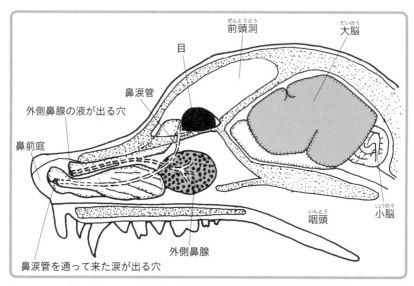

図1の5　鼻涙管と外側鼻腺
篩骨甲介は取ってあります。涙と外側鼻腺からのサラサラした液は、それぞれ鼻涙管と外側鼻腺から鼻前庭へと通じている管を伝って出ます。

犬にも「鼻くそ」ができるの?

　人では鼻前庭に生えている毛に大きなゴミが引っかかり（図1の4a）、さらにコバナの奥の壁に鼻腔からネバネバした液（粘液）が滲み出し、ゴミやホコリを吸い取ります。これらが乾燥して、鼻くそになります。人の鼻前庭は、みなさんが鼻掃除をする場所です。ゴリラやオランウータンなどの霊長類も鼻くそがたまります。

　犬では鼻前庭に毛がないので、ゴミはそのまま鼻腔に入ります（図1の4b）。加えて、鼻平面を湿らせている液（涙、鼻腺の液）はサラサラしていますので（漿液といいます）、ゴミやホコリは鼻前庭にとまらないで、鼻腔へ流れて行きます。

　人でも犬でも鼻腔に入った小さなゴミは、鼻腔の粘膜細胞から分泌

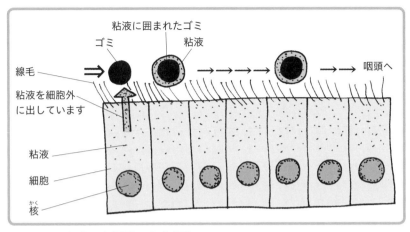

図1の6　鼻腔の内側面の上皮細胞

上皮細胞の特徴は、❶粘液（ネバネバした液）をつくります❷線毛が生えています。上皮細胞はいつも粘液を出し、鼻腔を濡らしています。粘液が鼻腔に入って来たゴミを囲み、粘膜上皮に生えている線毛がゴミを咽頭へと送ります。

される「ネバネバの液（粘液）」に取り囲まれ咽頭に行き、口から出て行くか胃に入ります。もう少し詳しく説明すると、鼻腔表面の細胞には小さな毛（学術的には線毛*といいます）が生えていて、ゴミは必ず咽頭に運ばれるようになっています（図1の6）。人でも犬でも大きなゴミが鼻腔に入ると（三叉神経が刺激され）、「くしゃみ」により外鼻口から鼻腔の外に出ます。

　このように、犬では「鼻くそ」はできません。

　人では鼻腔が単純になったのでゴミを取る装置が発達した結果、鼻前庭に「鼻くそ」がたまるようになりました。大量のゴミが入って来るとさすがの鼻も処理できなくて、肺に入ってしまいます。アスベス

＊繊毛とは書きません。

トによる肺気腫は、アスベストの量が鼻の力を超えていたのです。同じことが犬でも起こる可能性があります。

鼻腔に湿り気を与えるつくり

みなさんが住んでいる家の玄関のドアを開けるとタイル張りの床が続き、さらに廊下になっています。居間に入るドアを開けると、そこは空調の利いた快適な部屋です。鼻腔も同じです。鼻前庭（玄関）から鼻腔（居間）に入ると様子がちがいます（トンネルを抜けるとそこは雪国であるの感覚です）。

鼻前庭のつくりは人では皮膚、犬では鼻平面と同じです。鼻腔は粘膜でおおわれ、粘液で濡れています。さらに、鼻前庭から鼻腔への入り口は急に狭くなっています。犬では、鼻涙管や鼻腺が鼻腔の入り口に向かって開いています。鼻腔の入り口は狭くなっているので、空気の流れが急に速くなるとともに、粘膜、鼻涙管や鼻腺から出る液体によって湿り気を与えられています（図1の4、5）。

鼻腔に入って来た空気の温度を
暖かくするカラクリ

人でも犬でも鼻腔を左右にわけている壁を鼻中隔といいます。鼻中隔には多くの動脈が分布し（図1の7）、毛細血管の網目をつくっています。空気は、この血管を流れる血液の温度に触れることにより、体温くらいの温度に暖められます。

ボクサーが試合中に鼻血を出すときや、子どもが風呂に入って鼻血を出すときは、この血管が切れてしまうためです。

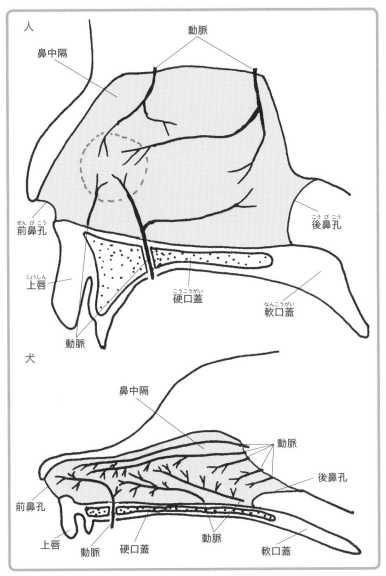

図1の7　人と犬の鼻中隔の動脈分布

鼻中隔は鼻腔を左右にわける壁です。多くの動脈が分布しています。これらの動脈から多くの毛細血管がわかれます。人のキーセルバッハ部位（破線で囲んである場所）はとくに毛細血管が多く、鼻血の出やすい場所です。鼻中隔の血管は、鼻腔に入って来た空気の温度を体温と同じくらいまで暖めます。

犬はどうやって呼吸しているの?

　以上のように、鼻は空気の中のゴミを取ったり、温度をあげたり、湿度を与える装置です。口にはこのような装置はないので、口で息をするより鼻で息をするほうが肺によい空気を送ることができます。犬はふだんは鼻で空気を吸い、鼻で出しています（つまり鼻だけで息をしています）。

浅速呼吸（パンティング）ってなあに?

　犬はふつう、1分間に約20回、鼻で呼吸をしています。散歩に行くと犬は口を開き、舌を出して、ゼエゼエと浅く速い呼吸をします。このとき、鼻から出していた息を口から出します。このような呼吸を浅速呼吸（あえぎ）といい、呼吸数はふだんの10倍以上になります（図1の8）。犬は人のように汗をかいて体温をさげることはできませんので（前作のp.91〜93参照）、口、舌、気道から多くの水分を蒸発させて体温をさげます。人では、体温が上がるとエックリン汗腺から汗を出しますが、犬ではこの汗腺は足の裏にしかありません。この汗は歩いたり・走るときのすべり止めとなり、体温調節とは無関係! 愛犬と散歩に行って愛犬の浅速呼吸を見たとき、「口で呼吸をしたら悪い空気がどんどん肺に入っちゃう!」と心配しなくても大丈夫です。この場合、鼻で空気を吸って呼気の大部分を口から出しています。走ったときの呼吸数は1分間に300回以上にもなり、呼気のすべてを口から出します。

　夏の暑い日には、同じように浅速呼吸をして体温をさげています。鼻の短い犬はほかの犬種に比べて日射病にかかりやすいといわれています。これは浅速呼吸の能率が悪いためです。

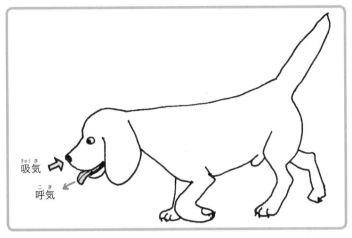

図1の8　浅速呼吸（あえぎ）
散歩のとき、ゼエゼエと浅く速い呼吸をします。この場合でも鼻から空気を吸い、口から息を吐き出しています。このようにきれいな空気を肺に入れながら、口、舌、気道から水を蒸発させて体温をさげています。

　狼も浅速呼吸によって獲物を捕まえるために時速約50kmの速さで何キロも走り続け、体温をさげながら肺にきれいな空気を送ることができます。

犬の鼻が抜群に臭いを感じるカラクリ

　人の鼻腔は、外側の壁に上鼻甲介・中鼻甲介・下鼻甲介という3つの小さな骨がつき出しています（図1の4a、9）。その出っ張りによって、空気の通る道が広くなります。これらの道を通りながら空気は暖められ、湿り気を与えられ、ゴミがのぞかれます（図1の10）。
　一番上にある上鼻甲介とその付近には、臭いを感じる細胞（嗅細胞）が集まっています（図1の4a、9）。人では、嗅細胞の総面積は左右あわせても約5cm²しかありません（前作p.19〜20を参照）。人の

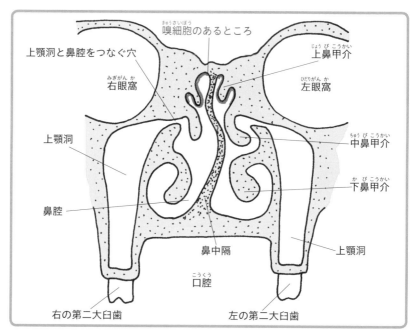

図1の9　人の鼻腔
第二大臼歯のところで鼻腔を横に切った図。人の上顎洞は大きく、上顎骨の大部分
を占めます。上顎洞は鼻腔につながっています。鼻中隔はS字状に曲がっています。

　鼻腔は、強く空気を吸うと嗅細胞のところに「臭いの粒」が集まりや
すくなっています（みなさんも臭いが気になるときは鼻をクンクンす
るでしょう？）。犬もさかんにクンクンしているときは多くの臭いの
粒を吸い込んでいるのです。

　犬の場合も、鼻腔の外側の壁から骨がつき出ています（人と名前、
形や大きさがちがい、背鼻甲介、腹鼻甲介、篩骨甲介といいます）
（図1の4b、11）。腹鼻甲介と篩骨甲介は、鼻腔を埋めていることと中が
蜂の巣のように小さな穴が開いていること（図1の11）が人とちがうと
ころです。まず、空気と「臭いの粒」は、前にある腹鼻甲介の蜂の巣
状の小さな穴の中をゆっくり動き、十分な温度と湿度をもらいます。

その「臭いの粒」が篩骨甲介に入ります。篩骨甲介の蜂の巣状の小さな穴の表面には、嗅細胞がぎっしりつまっています。犬の嗅細胞の面積は、左右あわせて18〜150 cm^{2}もあります。腹鼻甲介で十分な温度と湿度をもらった空気は篩骨甲介の中でもゆっくりと動き、「臭いの粒」は嗅細胞に捕まえられます（図1の10b）。

　顔の長い犬のほうが短い犬より嗅細胞が多いので、より嗅覚が優れています。シェパード、レトリーバー、ビーグルのほうがシーズーやキャバリアよりも臭いに敏感です。犬の腹鼻甲介と篩骨甲介が大きくて鼻腔を埋めていることと、蜂の巣状になっていることが犬の嗅覚が優れているカラクリの1つです。

　もう1つのカラクリは、呼気と吸気にあります。人の場合は鼻腔の中で吸気と呼気が混ざります（図1の10a）。犬では、鼻腔の奥の底と咽頭の間に骨（この骨の名前を鋤骨といいます）がつき出しているので、吸気と呼気は混ざりません（図1の10b）。犬は、「臭いの粒」の多い吸気だけを嗅いでいるのです。

　人の鼻腔は、吸い込んだ空気のゴミを取り除くこと、空気を暖めることと湿らせることがおもな役割ですが、犬では臭いを嗅ぐことが大きな役割ですので、こうしたつくりのちがいがみられます。

どうして人の嗅覚は悪くなったの？

　臭いは食べ物を探したり生殖のために必要であったので、6,500万年前、四足歩行をしていた人と犬の祖先の嗅覚は良かったと思われます。その後、狼は狩りをしたり縄張りを守るために臭いが重要でした。さらに夜行性であったので、目よりも嗅覚がとても発達しました。家畜化された犬は狼に比べれば能力は落ちたものの、ご存知のように優れた嗅覚を持っています。

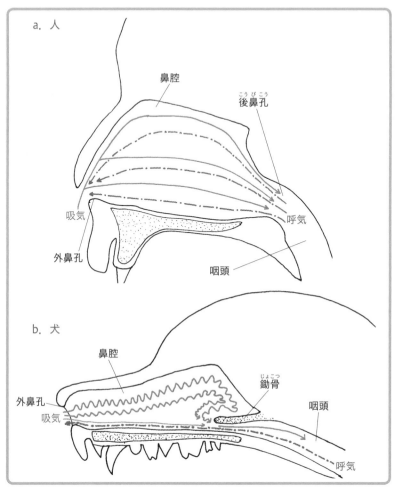

図1の10　人と犬の鼻腔での吸気と呼気の流れ

（a）❶吸気（ピンク色）は下を向いた鼻の穴（外鼻孔）から上のほうに向かって鼻腔に
　　入る→❷3〜4つの道にわかれて鼻腔を通り、咽頭に行く→❸この間に温度・湿
　　度を与えられ、ゴミはのぞかれます。呼気（茶色）は同じ道を逆に進み、外鼻孔
　　から出て行きます。人の鼻腔では吸気と呼気が混ざります。

（b）❶吸気（ピンク色）は前を向いた鼻の穴（外鼻孔）から鼻腔に入る→❷腹鼻甲介
　　と篩骨甲介は蜂の巣状になっていて、表面積が広くなっている→❸篩骨甲介で
　　空気はゆっくり動きながら「臭いの粒」が吸収されます。呼気（茶色）は鼻腔の
　　下を通って外鼻孔から出て行きます。これは、鼻腔の奥の底と咽頭の間に骨（鋤
　　骨）があるためです。犬の鼻腔では吸気と呼気が混ざらないようになっています。

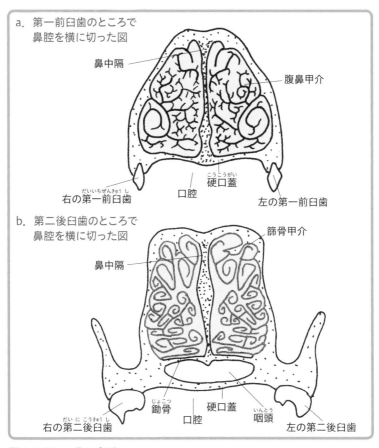

a. 第一前臼歯のところで
　鼻腔を横に切った図

鼻中隔

腹鼻甲介

右の第一前臼歯
だいいちぜんきゅうし

口腔

硬口蓋
こうこうがい

左の第一前臼歯

b. 第二後臼歯のところで
　鼻腔を横に切った図

篩骨甲介

鼻中隔

右の第二後臼歯
だいにこうきゅうし

鋤骨
じょこつ

口腔

硬口蓋

咽頭
いんとう

左の第二後臼歯

図1の11　犬の鼻腔
（a）鼻腔に腹鼻甲介が満ちています。
びくう　ふくびこうかい
（b）鼻腔に篩骨甲介が満ちています。図のように篩骨甲介が蜂の巣のように
しこつこうかい
　　なって面積を増し、その表面には嗅細胞がつまっています。これが犬の
きゅうさいぼう
　　嗅覚が優れているカラクリの1つです。犬の鼻中隔はＩ字状です。
きゅうかく　　　　　　　　　　　　　　　　　　　　　びちゅうかく

　人の祖先は二足歩行になると、地面と鼻の距離が離れて臭いを嗅ぐ
にそくほこう　　　　　　　　　　　　　　　　　　　　　　か
必要が少なくなったため、嗅覚が退化しました。このとき甲介が単純
こうかい
になるとともに、嗅細胞の数も少なくなってしまいました。嗅細胞
きゅうさいぼう
一つひとつの臭いを嗅ぐ力は人でも犬でも同じと思われます。

木の上で生活する間に高いところから遠くを見たり、となりの木に飛び移れるかどうか判断する生活が続いたので、動物の中でも人の目は抜群に優れています。鳥は空から地上を見て獲物を探す生活をしているので、目がよいのです。鳥では脳の視覚を感じる場所が発達しています。人は目がよくなったのも嗅覚が退化した理由の一つです。

副鼻腔ってなあに?

副鼻腔とは、鼻腔周りの骨の中にある大きな空洞のことです。空洞は穴で鼻腔とつながっています。重たい骨を少しでも軽くして、頭の重さを減らしています。人では上顎洞、前頭洞など大きな空洞があります。上顎骨にある上顎洞がもっとも大きく、鼻腔につながっている穴は高いところにあるので、蓄膿になると膿の排出が難しくなります(図1の9)。

犬の上顎骨は単なるくぼみ(上顎陥凹)で、犬にとって大切な鼻腺(外側鼻腺)がはまり込んでいます。犬では前頭骨に大きな空洞(前頭洞)があります(図1の5)。

人で犬より副鼻腔が発達している理由

人では頭が大きくなったのに反して、顎は小さくなりました。その結果、頭や脳は顎の上にのりました。詳しくは前作、p.17の図2の1を見てください。上顎骨は重い頭を支えるための骨です。上顎骨には大きな空洞(上顎洞)ができたおかげで、軽くなるとともに丈夫になりました。同じ素材で棒をつくるときは、中を空洞にしたほうが強い棒ができますよ!

鳥ではほとんどの骨に空洞があり、さらに肺から飛び出た空気の入った袋(気嚢といいます)が入り込み、体を軽くしています。

鼻中隔は警告しています

　犬の鼻中隔はI字型で、鼻腔の左右を均等に同じようにわけています（図1の11）。すべての成人の鼻中隔はC字型かS字型に曲がっています（図1の9）。この弯曲は、人以外の動物にはみられません。脳が大きくなり顎が小さくなった歪が鼻中隔に現れたのです。450万年前～200万年前に生きていた猿人や100万年前～20万年前に生きていた原人（北京原人、ジャワ原人など）の鼻中隔には弯曲はみられません。まだ脳が小さく、顎が大きかったからです。この後、脳が大きく、顎が小さくなるとともに歯の数や大きさも減りました。40万年前～4万年前に生きていたネアンデルタール人の鼻中隔には弯曲がみられるようになりました。

　原始的な哺乳類の歯は44本ですが、すべての霊長類では少なくなっています。現代人の歯の数は28～32本ですが、第三大臼歯（親知らず）の生え方に個人差がみられます。未来人では頭がさらに大きく、顎が小さくなり、「親知らず」がなくなると考えられます（図1の12）。その次には切歯、臼歯、犬歯の順になくなっていき、切歯、犬歯、小臼歯、大臼歯が各側1本ずつになり、ついには歯が1本もない未来人が現れることもありえます。

　人の弱点の1つは鼻中隔なので、さらなる歪が出てくる可能性があります。

　犬では顎が長くても短くて

図1の12　未来の人
頭が大きく、顎が小さくなっています。
おそらく歯の数も少ない！

も歯の数は42本で、歯と歯の間の「すきま」にちがいがあるだけです。

外側鼻腺ってなあに?

　前作（p.22）で、犬の鼻（鼻平面）を濡らしているのは、涙と鼻腺の液であると話しました。涙について詳しく知りたい人は前作のp.76〜78を見てください。鼻腺とは、上顎陥凹にある「外側鼻腺」のことです。外側鼻腺の導管は前のほうに走って鼻前庭に開きます（図1の5）。出て来る液（漿液）はサラサラしていて、鼻涙管から出て来る涙とともに鼻平面を濡らしています。また、鼻に入って来たゴミを咽頭へと流します。

咽頭は「ばい菌」と戦うお城です

　のどの奥にある咽頭は、消化器官でも呼吸器官でもあります。咽頭の入り口には扁桃があります。扁桃はリンパ球の集まりで、侵入した「ばい菌」と戦う「お城」です。

　人では、口蓋扁桃、舌扁桃、咽頭扁桃があります（図1の13）。人で扁桃腺と呼ばれているのは、口腔から咽頭に移る場所（口狭といいます）にある口蓋扁桃です（図1の13、14a）。舌扁桃は舌*のつけ根にあり、咽頭扁桃（アデノイド）は咽頭にあります。

　犬でも口蓋扁桃、咽頭扁桃、舌扁桃（発達は悪いです）があります（図1の15）。犬で大切なのは口蓋扁桃です（図1の14b、15）。大きく腫れると食べ物を食べるときに痛いので、食べなくなってしまいます。

　繰り返し扁桃炎を起こして腫れるようだと、扁桃を切り取ります。

＊舌は、本書では「した」とルビを付しますが、医学や獣医学では「ぜつ」と発音します。

幼児や幼犬では感染症に対する免疫ができていないので扁桃は大きいですが、年を取るにつれて小さくなります。

◆ 豆知識 ◆

喉頭ってなあに？

喉頭とは咽頭に続き、気管の前にある器官です（図1の13、15）。壁は軟骨でできています。

役割

❶肺に食べ物や水が入らないようにします。

❷声を出します（声帯があります）。

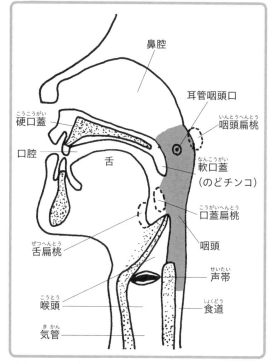

鼻腔

耳管咽頭口

咽頭扁桃

硬口蓋

口腔

舌

軟口蓋
（のどチンコ）

口蓋扁桃

咽頭

舌扁桃

声帯

喉頭

食道

気管

図1の13　人の扁桃

口腔と鼻腔の奥には扁桃があり、咽頭を囲んでいます。ばい菌の侵入を防いでいます。耳管咽頭口は、中耳と咽頭をつないでいる耳管が咽頭に開いている場所です（詳しくは前作 p.67「耳管ってな〜に？」を見てください）。

「喉」の3人の交通整理のおまわりさん

犬が呼吸をするとき、鼻から入った空気は咽頭→喉頭→気管→肺と動きます（図1の16）。このときはどのおまわりさんも働いていません。空気は検問なしに通過します。

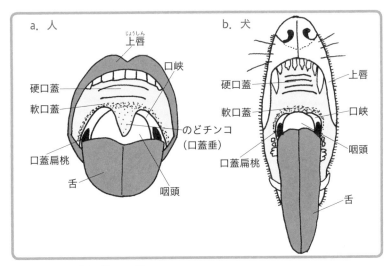

図1の14　人と犬の口腔
口を大きく開けています。口の奥には咽頭が見えます。口腔と咽頭の境を口狭といい、狭くなっています。口狭に口蓋扁桃があります（鏡でチェックしてね！）。

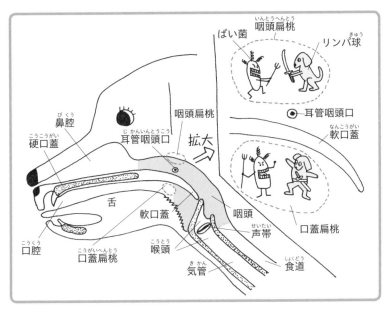

図1の15　犬の扁桃
扁桃は侵入したばい菌と戦います。犬では口蓋扁桃が大切です。

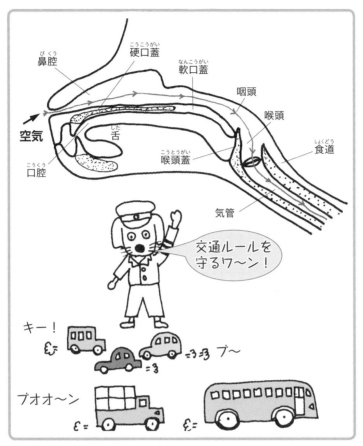

図1の16　犬が空気を吸うとき
空気は鼻から咽頭→喉頭→気管から肺に向かいます。

　ごはんを食べるときは3人のおまわりさん（舌、軟口蓋、喉頭蓋）の出
番です（図1の17）。つまり、❶ごはんを飲み込むと舌の先が硬口蓋（口の天
井）につきます（ごはんが口に戻らないようにしています）（図1の17の❶）→
❷舌がごはんを咽頭におします（ごはんが咽頭に行きます）（図1の17の❷）。
同時に軟口蓋が鼻腔をふさぎ、喉頭蓋が喉頭をふさぎます（このときに息
がとまります）（図1の17の❷）→❸ごはんが食道に入ります（図1の17の❸）。

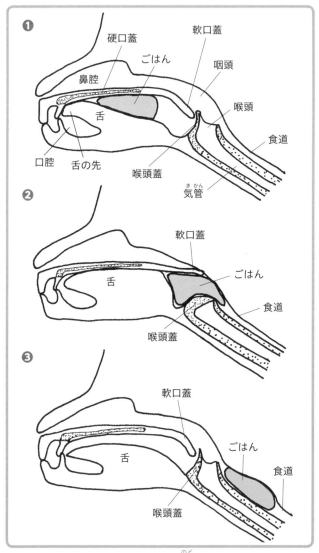

図1の17　ごはんを食べたときの喉（のど）のおまわりさんの働き

❶ごはんを飲み込むと、ごはんが口腔（こうくう）に戻らないように舌（した）の先が硬口蓋（こうこうがい）（口の天井）につき、舌がごはんを咽頭（いんとう）へとおします。

❷咽頭にごはんが行くと軟口蓋（なんこうがい）が鼻腔（びくう）をふさぎ、喉頭蓋（こうとうがい）が喉頭（こうとう）をふさぎます。このとき息が止まります。

❸ごはんが食道（しょくどう）に入ります。

みなさんの3人のおまわりさんも、呼吸やごはんを食べるときは犬のおまわりさんと同じように活躍します。鼻や気管にごはんや水が入ってしまうときは、2人のおまわりさん（軟口蓋か喉頭蓋）がちょっとさぼったのです。

犬は水を飲みながら息ができる？

犬の喉頭は口の奥にありますが（図1の15）、人の喉頭はかなり下にあります（図1の13）。このため、人が水を飲むときは犬がごはんを食べるときと同じように喉頭蓋が閉じて、一時息がとまります（図1の17の❷）。ところが、犬が水を飲むとき、水は喉頭の上を通るのではなく、横をすり抜けます（図1の18）。犬が水を飲むときは喉頭蓋が喉頭に蓋をしませんので、水を飲みながら息をすることができます。人以外の哺乳類はすべて犬と同じです。

犬の赤ちゃんは母犬の乳を吸っている場合も息ができます。人の新生児もお母さんのおっぱいを飲み続けることができます。この理由は、人の新生児の喉頭も犬のように口の奥にあり、乳を飲みながら息ができるからです。

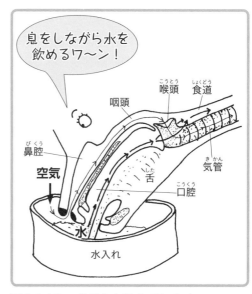

図1の18　犬が水を飲んでいます
水は喉頭の横をすり抜けます。水を飲みながら息をしています。

1歳6カ月齢頃に喉頭はさがりはじめ、14歳頃に成人（せいじん）と同じところまでさがります。乳児（にゅうじ）が声を出しはじめると咽頭（いんとう）は下がりはじめます。このようになると、乳児のように乳を飲み続けることはできません。成人の喉頭の低い位置は、人の祖先が言葉を話せるようになった旧人（きゅうじん）の頃から始まったと考えられます。

犬でも「いびき」をかくの?

　眠っているときに、空気が通る道に振動するものがあると「いびき」となります。

　眠ると、体の多くの器官（きかん）は休みます。筋肉（きんにく）も休むので、緩（ゆる）んで「だら〜」となります。人では、筋肉（きんにく）でできている軟口蓋（なんこうがい）（人では口蓋垂（こうがいすい）、つまりのどチンコ）（図1の4a、14a）も緩んでいるので、息（いき）をするたびに振動すると音が出て「いびき」となります。人のいびきの原因の75％は「のどチンコ」です。

　いびきをかいている犬を見たことがある人もいると思いますが、前作でお話したとおり犬には「のどチンコ」がありません（図1の14b）。

　犬のいびきは軟口蓋（なんこうがい）が長くなり過ぎたために起こります。じつは軟口蓋過長症（なんこうがい か ちょうしょう）という病気です。とくに肥満気味（ひまんぎみ）で鼻の短い小型犬でよくみられます。このような犬はもともと鼻腔（びくう）が狭（せま）いためです。具体的にはパグ、シーズー、ポメラニアンなどでみられます。肥えている人や犬では空気の通る道が狭くなっているので、いびきをかきやすいです。

　野生動物（や せいどうぶつ）では敵を警戒（けいかい）しているので、いびきをかかないといわれています。犬は人に飼われて以降警戒することが少なくなったため、安心していびきをかいています。また、鼻の短い犬種を作ったのも一つの原因です。

「アダムのりんご」と「のど仏」

　喉頭の軟骨の中でもっとも大きいのは甲状軟骨（のど仏といっているところで、下顎の下で首の前にあり、手で触ることができます）で、喉頭の前の壁をつくっています（図1の19）。

　男性では思春期になると男性ホルモンによって甲状軟骨の前が前方に出ます。いわゆる声変わりして、声が「1オクターブ」低くなります。エデンの園でアダムが「禁断のりんご」を食べたときにのどにつかえて膨らんだところで、「アダムのりんご」といいます。ちなみに、イブが食べたりんごは胸の膨らみ（乳房）になりました。

　火葬した後、骨は残りますが、軟骨は燃え尽きます。火葬で「のど仏」といっているのは第二頸椎のことです（前作p.58を見てください）。その形が仏様が座っていらっしゃるお姿に似ています。

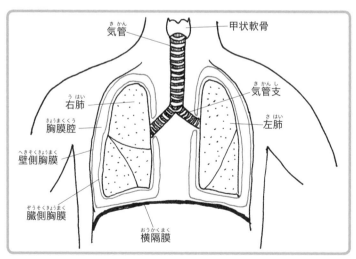

図1の19　人の呼吸器
肺は胸膜に包まれています。胸膜は肺が動くのを助けます。大人の男性の甲状軟骨の前にのど仏があります。

声を出す場所は人も犬も同じ?

　喉頭には声帯があります（図1の13）。声帯は左右2つのヒダからなります。ここを空気が通るとき、振動して声になります。

　思春期以降、男性のヒダ（2.0cm）が女性（1.5cm）より長くなるので、男性のほうが声が低くなります。楽器で、弦が長いほうが音が低いのと同じ理屈です。犬でも喉頭に声帯があり、ワンワン、ウー、キャンキャンという声を出すのはこの部分です（図1の15）。犬の声は性差というよりも、大型犬で声が低く、小型犬で高い声を出します。

　猫が嬉しいときに喉をゴロゴロと鳴らすのもこの場所です。ニワトリがコケコッコーと声を出す場所は喉頭ではなく、気管が左右の気管支にわかれるところ（鳴管といいます）です。

　犬がワンワンと鳴くようになったのは人と生活するようになってからといわれています。救急車が通ったときにサイレンにあわせて遠吠えするのは、野生の血が騒いで自分の縄張りを主張しているともいわれています。

どうして犬は人のようにいろいろな声を出せないの?

　人の声帯の位置は口の奥（口狭：口腔と咽頭の間）から離れて下にあるので、咽頭が広くなっています（図1の13）。このため、声帯で出た音は咽頭で修飾でき、唇が柔らかいのでいろいろな声をつくれます。犬では喉頭が高い位置にあるので口の奥と声帯の間が短く、さらに唇が硬いので、声の種類が限られています。

　猿も、喉頭が高い位置にありますので、言葉は少ないです。

気管は軟骨の輪の積み重ねです

　喉頭の続きが気管で、左右の気管支にわかれ、肺に入ります。気管と気管支の壁は軟骨の輪の積み重ねでできています（図1の20）。食道は、食べ物が通るとき以外は「へしゃげています」。気管は軟骨の壁によりいつも腔が開いて、空気が自由に通るように

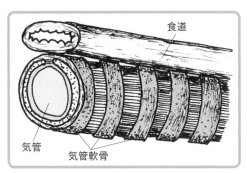

食道

気管　　気管軟骨

図1の20　胸腔を走る犬の気管と食道
気管の上に食道があります。気管には気管軟骨が壁をつくっています。食道は「へしゃげています」が、気管は筒状になっています。

なっています。食道はごはんや水が通るときに膨らみますので、気管はおしつぶされるのを防いでいるのです。とくに犬の胸腔では気管は食道の下にあるので、気管軟骨が大切です。

気管の中にゴミが入ってしまっても肺には入らないカラクリ

　気管の内面にある上皮細胞には線毛という細い毛が生えています（図1の21）。気管に入って来たばい菌やゴミは、上皮細胞から出た粘液で包まれ、この線毛を使って「痰」として喉頭へと運ばれて、口から外に出ます。気管の場合、ゴミが咽頭のほうに行くように線毛が生えています。

　しかし、人でも犬でも肺までものが入ってしまうこともあります（アスベストの話を思い出してください）。肺まで入ってしまうと、自然に体外へ出すのは難しくなります。

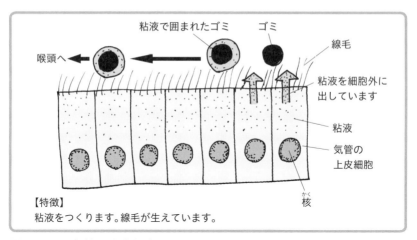

喉頭へ

粘液で囲まれたゴミ　ゴミ

線毛

粘液を細胞外に
出しています

粘液

気管の
上皮細胞

核

【特徴】
粘液をつくります。線毛が生えています。

図1の21　気管の上皮細胞
上皮細胞は粘液を出し、気管を濡らしています。気管に入って来たゴミを粘液で取り囲み
ます→粘膜上皮に生えている線毛により痰として喉頭に送られます→口から外に出ます。

◆ 豆 知 識 ◆

胸膜ってなあに？

　気管支に続いて左右の肺があります。肺はガス交換の場です。肺は
胸膜という２枚の薄い膜に包まれています。１枚は胸壁につき、もう１
枚は肺についています（図1の19）。２枚の膜は気管支が肺に入るところで
反転してつながっています。２枚の膜の間の腔（胸膜腔）に液が入ってい
て、呼吸のときに肺が大きくなったり小さくなったりするのを助けます。

どうして咽頭に気管と食道がつながっているの?

　この話は人の肺の発生から説明します（図1の22）。胎生４週（図1の
22a、b）になると咽頭から気管の芽（胚芽）が出ます（図7の13）。その
先端が肺になる場所です。胎生５週（図1の22c、d）になると、気管は

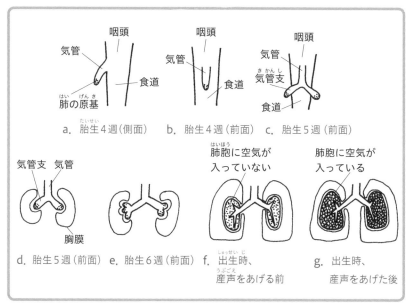

図1の22　人の肺の発生
咽頭で気管と食道がつながっている「わけ」を学んで！

左右にわかれます。風船状の胸膜は、左右の気管と肺の原基（原基については、前作のp.96図8の3の説明を見てください）を囲みます。その後、細い気管と肺胞が増えます（図1の22e）。胎生7カ月では、心臓からの血管もつながってガス交換ができるようになります。この時期以降早産しても生きられます。このように、まず咽頭と食道がつくられ、次に気管が「木の芽がふき出すように」咽頭から出て来ます。これが、咽頭で気管と食道がつながっている「種明かし」です。

生まれたとき、どうして赤ちゃんは産声をあげるの？

　人でも犬でも胎子の肺は呼吸していません（図1の22f）。生まれたとき

のはじめての呼吸が産声です。人でも犬でも産声をあげます。このとき
はじめて空気が肺に入り、肺が膨らみ、活動をはじめます（図1の22g）。
生まれてからも肺は未熟で、人では生後10年間も発育し続けます。

　肺は、胸腔の大部分を占め、左肺と右肺にわかれます（図1の19）。
人では直立しているので、右肺は上葉・中葉・下葉、左肺は上葉・
下葉にわかれています（図1の23a）。犬では四足歩行なので、右肺は
前葉・中葉・後葉・副葉、左肺は前葉・後葉にわかれています。犬の
左肺の前葉は、2つにわかれています（図1の23c）。

　肺は、胸膜に被われ（図1の19）、内側に気管支が入り込んで、それ
ぞれの葉に1本ずつ気管支が入り、分岐を繰り返して肺胞に達して、
空気と血液の間でガス交換を行います（図1の25）。犬の左葉の前葉に
は1本の気管支が入り込んだ後で、2本にわかれていることから、前
葉は1つと決められています。ただ、左葉の前葉を前葉前部と前葉後
部に区別することもできます（図1の23d）。

肺はどうやって空気を吸ったり吐いたりするの?

　図1の24aはビンの底に穴を開け、底にゴムをつけてあります。ビンの入り
口にゴム栓をつけ、ガラス管を通し、その下にゴム風船をつけました。底のゴ
ムにつけたひもを引いたりゆるめたりすると、風船はどうなると思いますか?

　答えは、❶ひもを引きます→❷ビンの中の容積が増えます→❸入り
口のガラス管を通って空気が風船の中に入ります→❹風船が膨らみま
す（図1の24b）。

　❺ひもを緩めます→❻ビンの中の容積が減ります→❼風船が小さくなり
ます→❽ゴム風船の中の空気がガラス管を通って外に出ます（図1の24a）。

　これが、肺が空気を吸ったり吐いたりするカラクリです。自分で動く器
官には筋肉があります。心臓、胃、腸、膀胱などは自前の筋肉で動きます。

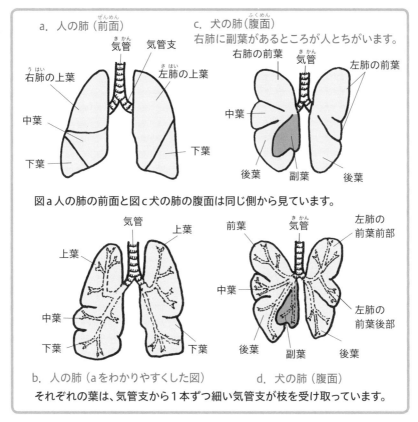

図a 人の肺の前面と図c 犬の肺の腹面は同じ側から見ています。

a．人の肺（前面）　　c．犬の肺（腹面）
右肺に副葉があるところが人とちがいます。

b．人の肺（aをわかりやすくした図）　　d．犬の肺（腹面）
それぞれの葉は、気管支から1本ずつ細い気管支が枝を受け取っています。

図1の23　人と犬の肺
人の肺は上葉、中葉、下葉にわかれますが、犬の肺は前葉、中葉、後葉にわかれます。人は直立歩行、犬は四足歩行なので名前がちがいます。犬の副葉には大切な意味があります。
（b）それぞれの葉へは、気管支から1本ずつ細い気管支が枝を出します。
（c）右の肺に副葉があるところが人とちがいます。副葉は大静脈と食道の間にあるポケット（縦郭陥凹）に入り込みます。（p.47の**わん！ポイント**を見てください）
（d）犬の左肺の前葉は、見かけ上は2つにわかれているように見えますが、入り込む気管支が1本だけなので1つです。

肺には筋肉がないので、呼吸のときに自分で動けません。胸腔の容積が増えると、肺が膨らんで空気が肺に入って来ます（吸気といいます）。胸腔の

容積が減ると、肺が小さくなり空気が肺から出て行きます(呼気といいます)。

　図1の24aでビンの底にあるゴムは、横隔膜という膜様の筋肉です(図1の24c)。横隔膜は胸腔に向かって京セラドームの天井のようにつ

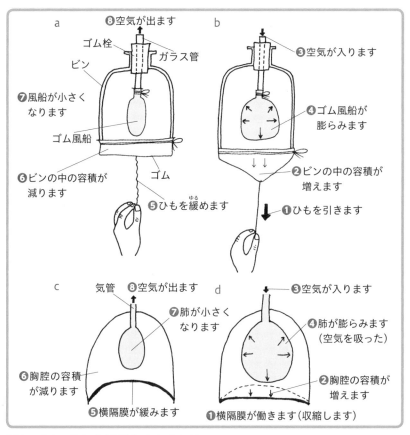

図1の24　肺に空気が入るカラクリ

(a)bの状態でひもを緩めたときです。

(b)aの状態でひもを引いたときです。❶ひもを引きます→❷ビンの中の容積が増えます→❸ガラス管から空気が入ります→❹ゴム風船が膨らみます。

(c) 横隔膜は肺に向かって京セラドームのように膨らんでいます。

(d) ❶横隔膜が働きます(収縮します)→❷胸腔の容積が増えます→❸気管から空気が入ります→❹肺に空気が入ります。

き出しています。横隔膜が働く（収縮する）と下にさがり（図1の24d）、胸腔の容積が増えます。

　次に、両手を胸にあてて強く空気を吸ってください。空気が肺に入るとともに手が上のほうにあがったと思います。肋骨と肋骨の間には外肋間筋と内肋間筋という2種類の筋肉があります。外肋間筋が収縮すると胸腔が上にあがり容積が増え（吸気）、外肋間筋が緩むと胸腔が下にさがり容積が減ります（呼気）。深呼吸のように、肺の空気をたくさん吐き出すときは、内肋間筋も収縮して胸腔をさらに狭くします。このように、肺は呼吸筋（横隔膜、外肋間筋、内肋間筋）によって呼吸運動をしています。

実際の吸気の場合（図1の24d）
❶横隔膜と外肋間筋が働きます（収縮します）→❷胸腔の容積が増えます→❸気管から肺に空気が入ります→❹肺が膨らみます

呼気の場合（図1の24c）
❺横隔膜と外肋間筋が緩みます（深呼吸時は内肋間筋が収縮）→❻胸腔の容積が減ります→❼肺が小さくなります→❽気管から空気が出ます

胸式呼吸と腹式呼吸ってなあに?

　胸式呼吸とはおもに肋間筋を使う呼吸で、女性に多くみられます。妊婦や妊娠犬では胸式呼吸が強いられます。腹式呼吸とはおもに横隔膜を使う呼吸で、男性に多くみられます。男女共、安静時に外肋間筋と横隔膜で空気を吸い込み、吐く時は肺の縮む力によって息を出しています。内肋間筋は働きません。深呼吸やランニングをしているときは、外肋間筋と横隔膜が働いて空気を吸いますが、息を出す時

は内肋間筋に加えて腹壁の筋肉も使っています。

　犬の場合はあまり調べられていませんが、吸気はおもに腹式呼吸で、呼気は肺の縮む力であると考えられています（すなわち、おもに腹式呼吸）。深呼吸をしたり浅速呼吸のときには内肋間筋や腹壁の筋肉も働いて、息を吐いていると考えられます。

ガス交換はどこでしているの?

　もっとも細い気管支の先にある袋を肺胞といいます。肺胞の周囲には心臓の右心室から出た、肺動脈からわかれた毛細血管が取り巻いています（図1の25）。肺動脈に含まれる二酸化炭素が肺胞中に入り、肺胞から酸素が毛細血管に入ります。このように静脈血は肺胞と取り巻く毛細血管によりガス交換が行われます。毛細血管は集まって肺静脈となり、動脈血を左心房に送ります。

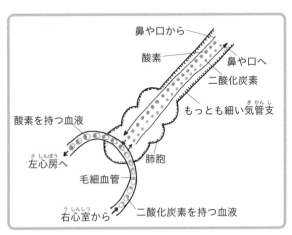

図1の25　ガス交換の場所
肺胞に毛細血管が巻きつき、毛細血管から二酸化炭素が
肺胞に、肺胞から酸素が血液に出されます。

わん！ポイント

犬の副葉にはどんな意味があるの？
・・・・・・・・・・・・・・・・・・・・・・・

　私は獣医学科を卒業した後、歯学部の解剖学講座に就職しました。就職後に人のご遺体を見たとき、人と動物の肺のちがいに驚きました。人の肺は左が2つ、右が3つにわかれています（図1の23a、b）。動物では右肺から副葉が出ていますが（図1の23c）、人ではありません。

　「動物にはどうして副葉があるのか？」それが、私が肉眼解剖学に興味を持ち、このような本をつくった原点なのです。その後500体以上のご遺体を観察し、多くの動物を解剖しましたが、例外はありませんでした。人は直立しているので肺は気管につるされ、胸壁と横隔膜に囲まれた胸腔にうまく収まっています（図1の19）。

　犬の場合は、人と同じように左が2つと右が3つのほかに、右の肺に副葉があります（図1の23c、d）。犬は四足歩行ですので、肺の前は気管に支えられていますが、後ろは下に垂れる可能性があります。副葉は食道と大静脈の間から胸膜で作られたポケット（縦郭陥凹といいます）に入り込んでいます（図1）。このように犬の肺は、前では気管と食道につるされ、後

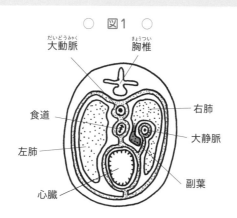

○　図1　○

大動脈　　　胸椎

食道　　　　　　　　　　　　右肺

　　　　　　　　　　　　　　大静脈

左肺

　　　　　　　　　　　　　　副葉

心臓

犬の肺（胸腔を心臓の位置で切り、後ろから見た図）
副葉が大静脈と食道の間のポケット（縦郭陥凹）に入り込んでいます

ろでは副葉が大静脈にフック状に固定されています（図2）。すなわち副葉は、肺が胸腔の下に垂れるのを防いでいるのです。人でも四足歩行の頃は副葉があったと私は考えています（証拠はありませんけどね）。

○ 図2 ○

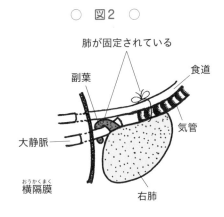

肺が固定されている

副葉　　　　　　食道

気管

大静脈

横隔膜　　　　右肺
（おうかくまく）

肺が下に落ちないようになっているカラクリ
大静脈、食道、気管はどこかに固定されています。肺は前では気管と食道に、後ろは副葉がフックとなって大静脈に固定されています。

呼吸器のまとめ

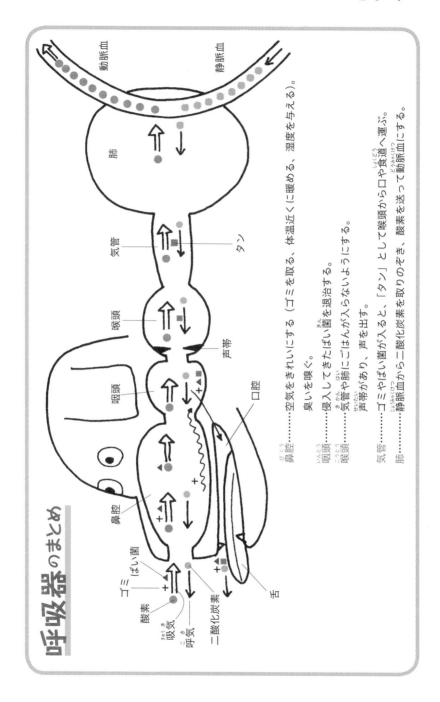

動脈血
静脈血
肺
気管
タン
喉頭
声帯
咽頭
口腔
鼻腔
舌
ゴミ・ばい菌
酸素
吸気
呼気
二酸化炭素

鼻腔………空気をきれいにする（ゴミを取る、体温近くに暖める、湿度を与える）。
咽頭………侵入してきたばい菌を退治する。
喉頭………気管や肺にごはんが入らないようにする。
　　　　　声帯があり、声を出す。
気管………ゴミやばい菌が入ると、「タン」として喉頭から口や食道へ運ぶ。
肺…………静脈血から二酸化炭素を取りのぞき、酸素を送って動脈血にする。
臭いを嗅ぐ。

49

循環器系

正しい脈拍の取り方って？

◆ 豆 知 識 ◆

肺と心臓は愛犬家と愛犬？

　心臓は胸腔にあり、左右の肺に
しっかり抱っこされて守られ、協
力して仕事をしています（図2の5a）。
肺と心臓は愛犬家と愛犬の関係の
ようです（図2の1）。

血管ってなあに？

　❶心臓は血液を送り出すポンプ
です。心臓に出入りしている管を
血管といいます（図2の2）。血管は
動脈、毛細血管、静脈にわかれま
す。心臓から出た❷動脈は枝わか
れしながら細くなり、いろいろな

図2の1　肺と心臓の関係
肺と心臓の関係は、愛犬家（肺）が
愛犬（心臓）を抱っこしている格好
に似ています。

器官で❸毛細血管となります。❹静脈は器官から心臓に戻る血管です
（図2の2）。

　動脈の壁（図2の3a）は、強い血圧に耐えるために厚くなっています。
静脈（図2の3b）は器官から心臓に戻る血管で、血圧はほとんどなく、心

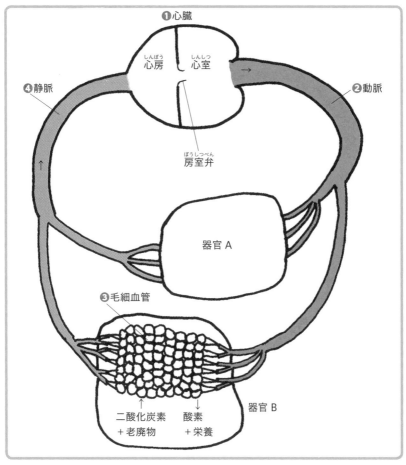

図2の2　心臓と血管
❶心臓から出て行く血管を❷動脈といいます。動脈は枝わかれしながら細くなり、全身の器官に入り、❸毛細血管となります。毛細血管では器官に酸素と栄養を与え、二酸化炭素と老廃物を受け取ります。心臓に戻る血管を❹静脈といいます。矢印（→）は血液の流れです。

臓近くでは陰圧になっています。静脈の壁は薄いですが、管腔は大きくなっています。毛細血管（図2の3c）の壁は薄く、赤血球が1列に並んでやっと通ることができるくらい細い血管です。毛細血管は器官の細胞

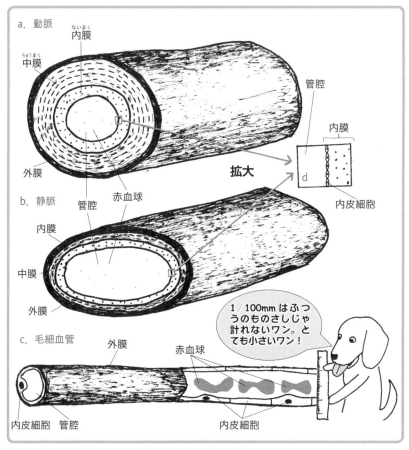

図2の3　動脈、静脈、毛細血管の壁のちがい

(a) 動脈と静脈は三層でつくられています。動脈は血圧が高いために壁が厚いです。

(b) 静脈は壁が薄いですが、管腔は大きいです。

(c) 毛細血管は赤血球が1列に並んでやっと通れるくらい細いです（直径1/100 mm です）。毛細血管は動脈と静脈の管腔に並ぶ一層の内皮細胞と、少しの外膜でつくられています。

との間でガス交換と栄養交換を行います。毛細血管の血圧は静脈より少し高い程度で、血液の流れは体の状態（局所の組織からの要求、運動や体温調節などの体の変化）によって変わります。

毛細血管はどうしてガス・栄養交換できるの？

　動脈（図2の3a）は心臓に近いほど太く、強い血圧に耐えるために厚く強い壁をしています。動脈の壁は内膜、中膜、外膜という3つの層からなります。内膜の管腔表面には、一層の薄い細胞（内皮細胞）が並んでいます（図2の3d）。中層は厚く、筋肉でつくられています（強い血圧に耐えるためです）。外膜は線維でつくられています。動脈は次第に枝わかれしながら細くなり、いろいろな器官に分布します。この間に内膜と中膜の壁も薄くなります。器官の中では、毛細血管という網目の血管になります（図2の2の❸）。その壁は動脈や静脈の壁の内膜に並ぶ内皮細胞と薄い外膜でつくられています（図2の3c）。このように毛細血管の壁は薄いので、ガス交換、栄養交換が簡単に行われます。

赤い血液の中身はどうなってるの？

　血液を取り、薬を入れて固まらないようにすると、液体成分と細胞成分にわかれます（図2の4）。上にある黄色の透き通った液体成分を血漿といいます。下の細胞成分には白血球、血小板、赤血球が入っています。

役割

赤血球：ヘモグロビンという赤色のたんぱく質を含むので赤色です。ヘモグロビンは酸素と結合して全身に酸素を運びます。二酸化炭素の一部も運びます。人でも犬でも赤血球は真ん中がへこんだ円形をしています。未熟な赤血球は、このへこんだところに核があります。胎子の赤血球には核があります。

白血球：ばい菌をやっつけます。

血小板：ケガをして出血すると、血漿と協力して血をとめます。人より犬のほうが早く血がとまります（傷の大きさ、気温などによりち

STEP 2 循環器系

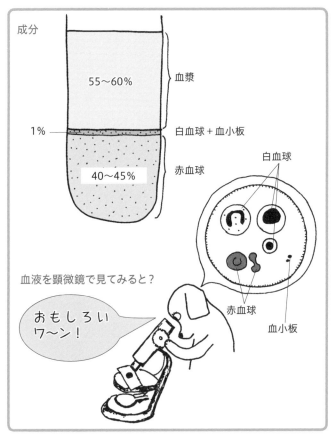

成分

55〜60%　血漿

1%　白血球＋血小板

40〜45%　赤血球

血液を顕微鏡で見てみると？

おもしろいワ〜ン！

白血球

赤血球

血小板

図2の4　血液の成分
血液の半分は液体（血漿）で、ほかは細胞（白血球、血小板、赤血球）です。顕微鏡で見ると白血球、血小板、赤血球を見ることができます。

がいますが、人で5分かかるところを犬では2分半ぐらいです）。

血漿：腸で吸収した栄養を体に運びます。体で「できた」カス（老廃物）と二酸化炭素を腎臓や肺に運びます。ホルモン、ビタミンや体熱も運びます。血清とは、血漿から血液を凝固させる物質を除いたものです。

つくられる場所

　血液はどこでつくられるかとたずねると心臓（しんぞう）と答える人がいますが、「ちがいますよ」。細胞成分は、骨の中にある骨髄（こつずい）です。

❶赤血球：骨髄

❷白血球：骨髄、リンパ節（せつ）

❸血小板：骨髄

❹血漿（けっしょう）：肝臓（かんぞう）

人の血液成分の寿命

❶赤血球：120日

❷白血球：3日〜3週間

❸血小板：約10日

犬の血液成分の寿命

❶赤血球：95〜135（平均120）日

❷白血球：2〜4日

❸血小板：2〜5日

どうして犬にネギを与えてはいけないの？

　犬にネギやニンニクを与えると赤血球が溶けて貧血（ひんけつ）になり、死にます。

　ネギの成分（チオ硫酸化合物（りゅうさんかごうぶつ））が犬の赤血球に遺伝的（いでんてき）に含まれている成分（還元（かんげん）グルタチオン）と「くっついて」、血液が溶けます。人の赤血球にはこの成分はありません。

わん！ポイント

池江璃花子選手ガンバレ

2020年東京オリンピックを来年に控えて、日本の水泳界のホープ池江璃花子選手が白血病になられました。日本の国民が大きな衝撃を受けたことは記憶に新しいです。

血液の細胞成分（血球＝赤血球、白血球、血小球）は、骨の中の骨髄でつくられます。骨髄中にはすべての血球に分化できる能力をもった骨髄幹細胞（血球芽細胞）が存在し、分化成熟した血球になると血管中にでて、それぞれの能力を発揮します。赤血球中にあるヘモグロビンは酸素を結合して運び、白血球は体の防御機構に働き、血小板は止血を行います。ところが、白血病では、腫瘍化した骨髄幹細胞が無制限に増えて血液中にでてくるので、血球の本来の能力をはたせません。そのため、感染症になったり、出血が止まらなかったり、貧血などが起こります。

焦らずに、ゆっくりと治療されもとの元気な入江選手に戻ってこられることを心より願っています。さいわい、東京オリンピックは2021年になりました。新型コロナ感染症の収束、オリンピック開催、池江選手の金メダルを心より願っています。

犬には人にない白血球の癌がある？

肥満細胞は白血球の一種で、皮膚に潜んでいます。虫に刺されたり異物が入って来ると、皮膚を赤くはらしてかゆくし、異物を取りの

ぞく正義の味方となります。しかし、この細胞が皮下で癌（コリコリした「シコリ」となり、肥満細胞腫といいます）になることもあります。肥満細胞腫は、犬では乳腺腫瘍に次いで多い腫瘍です。

　老犬や老猫でこの病気になることがわかっていますが、原因や治療方法などはっきりしません。皮膚にシコリができるので、組織の一部を取って顕微鏡で調べます。癌であれば外科的に切り取ります。多くは悪性で、再発や転移して死にます。

心臓の位置と形は人と犬でちがうの？

　人の心臓は左右の肺に挟まれ、やや左に寄り、横隔膜の上にのっています（図2の5a）。犬の心臓も左右の肺に挟まれ、やや左寄りです（図2の5b）。

　心臓の形はハート形と思われているかもしれませんが、円錐形をしています（図2の5c）。人の心臓は円錐の底が上にあり、先（心尖といいます）が下を向いています。先の位置は、左の乳頭のすぐ下です（図2の5a）。

　犬の心臓も円錐の底が上を向き、心尖が下を向いています。しかも心尖は横隔膜と靱帯（「ひも」のようなもの：横隔心膜靱帯）で結ばれています（図2の5b）。犬は、歩いたり走ったりするときに心臓がふられないようにしっかり固定されています。人の祖先が四足歩行だったときは、犬と同じだったと私は思います。

心臓の大きさのちがい

　成人の心臓の重さは250〜290gで、その人の握り拳と同じ大きさです。中型成犬では170〜200gで、体重の約1％です。人の体重比

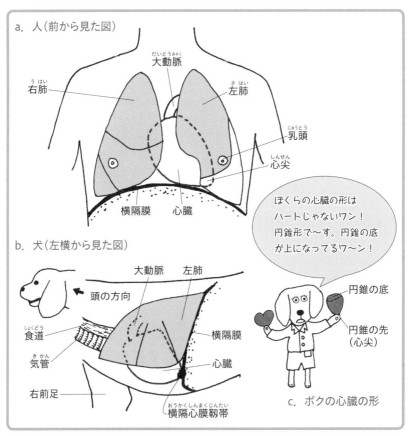

図2の5　人と犬の心臓の位置と形
(a) 人の心臓は左右の肺の間にあり、やや左に寄っています。心臓の大きさは、自分の握り拳と同じくらいです。
(b) 犬の心臓も左右の肺の間にあり、やや左に寄っています。人の心臓は横隔膜の上にのっていますが、犬の心臓は靭帯で横隔膜に固定されています。
(c) 人も犬も心臓は円錐形で、円錐の底が上です。

は約0.6％ですので、犬のほうが体の割には大きな心臓を持っています。犬の祖先の狼は狩りをするのに毎日走り回っていたので、心臓が大きいのです。

心臓のつくりと働き

　心臓には４つの部屋があります（図2の6）。2つの心房（❺右心房と❿左心房）と2つの心室（❻右心室と❶左心室）の4つです。心房と心室の間には房室弁という弁があります。弁は血液の逆流を防ぎます。人も犬もときどきこの弁が病気になってしまいますので、大切です。

　心臓は 2つのポンプからなります（図2の6）。左のポンプは全身に酸素と栄養を届けるのが役割です。酸素（●）を多く含む血液を動脈血（→）といいます。❶左心室→❷大動脈→❸全身と進み、全身の組織へ酸素と栄養を届け、二酸化炭素（●）と老廃物を受け取ります。全身で二酸化炭素と老廃物を受け取った血液は、❸全身→❹大静脈→❺右心房に進みます。二酸化炭素の多い血液を静脈血（→）といいます。この左ポンプが受け持つ循環を大循環（体循環）といいます。右のポンプは二酸化炭素の多い血液を肺に運び、呼吸することによって二酸化炭素を出し、酸素を受けます。❻右心室→❼肺動脈→❽肺と進み、肺で二酸化炭素を出して、酸素を受けます。酸素をもらった血液は❽肺→❾肺静脈→❿左心房に戻ります。右ポンプが受け持つ循環を小循環（肺循環）といいます。

　このように、心臓と肺は昼も夜も協力して働き（図2の1）、酸素を全身に、二酸化炭素を肺に送っています。

　大循環の動脈には動脈血（酸素が多い血液）が、静脈には静脈血（二酸化炭素の多い血液）が流れています。一方、小循環の動脈には静脈血が、静脈には動脈血が流れています（図2の6）。

犬に心尖拍動はあるの？

　自分の手を左乳頭のすぐ下にあてると、心臓の拍動を感じることが

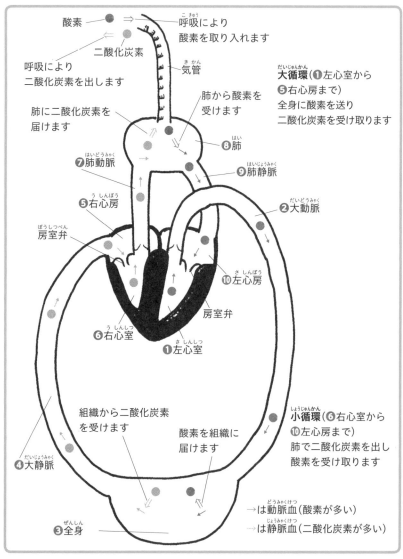

酸素 ⇒ 呼吸により
酸素を取り入れます

二酸化炭素

呼吸により
二酸化炭素を出します

気管

肺に二酸化炭素を
届けます

肺から酸素を
受けます

大循環(❶左心室から
❺右心房まで)
全身に酸素を送り
二酸化炭素を受け取ります

❽肺

❼肺動脈

❾肺静脈

❺右心房

❷大動脈

房室弁

❿左心房

房室弁

❻右心室

❶左心室

組織から二酸化炭素
を受けます

酸素を組織に
届けます

小循環(❻右心室から
❿左心房まで)
肺で二酸化炭素を出し
酸素を受け取ります

❹大静脈

❸全身

→は動脈血(酸素が多い)
→は静脈血(二酸化炭素が多い)

図2の6　血液の流れ

できるでしょう(試してください。でも、胸の壁が厚いので大人ではだめかもしれません)(図2の5a)。これは、拍動のたびに心尖(心臓の先)

がこの場所を叩いているためです（心尖拍動といいます）。犬の心尖は靱帯によって横隔膜に固定されているので、心尖拍動はありません。

どうして心臓に動脈が分布しなければならないの?

　心臓の中には血液がいっぱい流れているのに、心臓はその血液中の栄養や酸素を使えません。心臓から出た大動脈からはすぐに心臓専用の2本の動脈（冠状動脈）が出ていて、心臓に分布しています（図2の7）。ほとんどすべての器官はこのような専用の栄養動脈を持っています。

　心臓に続く大動脈の壁にも小さな血管がたくさん分布しています。

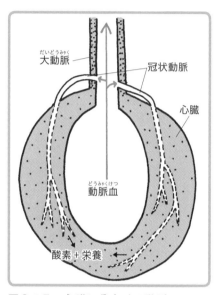

図2の7　心臓に分布する動脈
心臓には2本の冠状動脈が分布し、酸素と栄養を与えます。

犬でも心筋梗塞はあるの?

　すべての器官に動脈が分布すると、木の枝のようにどんどん細い動脈にわかれて行き、最後に毛細血管になり、そこでガス交換と栄養交換します（図2の8a）。多くの器官では、毛細血管になる前に隣の動脈とバイパス（吻合）でつながっています。動脈がつまっても、バイパスを通って動脈血が分布するようになっています（図2の8a）。

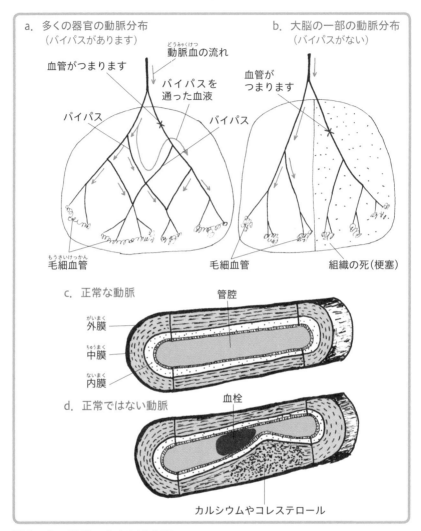

図2の8　動脈の分布と拡大図

(a) 多くの器官の動脈分布はその器官の中で木の枝のようにどんどん小さくわかれます。枝同士はバイパスでつながっています。動脈がつまっても（×の部分）バイパスを通って器官全体に血液が運ばれます。

(b) 大脳の一部では、動脈がつまる（×の部分）とバイパスがないので、血液が分布しません。そのため組織は死にます（脳梗塞といいます）。

(d) 血管の壁にカルシウムやコレステロールがたまっているので、管腔が狭くなっています。そこに血栓（血液の塊）がつまっています。

大脳の一部にはこのようなバイパスはありません。したがって動脈がつまると酸素と栄養が行かず、大脳は死にます（図2の8b）。これが脳梗塞です。心臓の冠状動脈にはバイパスがありますが、発達は悪いのです。人で冠状動脈にコレステロールやカルシウムがたまると管が狭くなり、さらにバイパスもつまると心筋梗塞になります（図2の8d）。犬でも心筋梗塞はまれに起こります。

STEP
2
循環器系

どうして心臓は規則正しく動いているの？

獣医学科に入学して最初に習う専門教科は解剖学と生理学です。この2つの教科を将棋で例えると、駒の名前や動かし方を学ぶ教科です。生理学実習で蛙から心臓を切り出して液につけても心臓は規則正しく動いているのにびっくりしました。心臓の筋細胞を一つひとつばらばらにして顕微鏡で見ても動いています（図2の9a、b）。心臓の一つひとつの筋細胞は互いに手をつないで、1つの細胞のように同じ動きをしています（図2の9c、d）。ただし、自分の意思で動かすことはできません。さらに心臓を規則正しく動かす特殊な筋肉（刺激伝導系：ペースメーカー）があります。

あなたが帰宅したときに
愛犬の心臓の鼓動は増える？

愛犬は可愛がってくれる飼い主の足音や自動車の音を覚えます。あなたの足音や自動車の音で、あなたの帰宅を知ります（犬は人の16倍もよく聞こえます）。そのとき、愛犬の心臓の拍動数は増え、あなたの顔を見たときは最高潮になって、尻尾をふったりワンワン鳴いたりして大歓迎します。でも、どうして拍動が増えるのでしょうか？

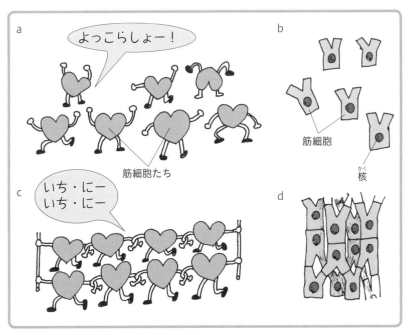

図2の9 心臓の筋細胞

(a) 心臓の筋細胞をばらばらにして生理食塩水に入れて顕微鏡で見ると、一つひとつの細胞が動いています。

(b) 実際の筋細胞はY字状をしています（ハート型ではありませんよ！）。

(c、d) 心臓では筋細胞は手をつないで、1つの細胞のように動いています。

　心臓には自律神経（神経の章、p.118〜120を見てください）という神経が分布していて、嬉しくなったり興奮すると心臓の拍動が増えるからです。あなたも恋人の前に行って胸の「トキメキ」を感じたことがあるでしょう。愛犬はまさにその状態です。このように人でも犬でも、心臓は自分で動く以外にペースメーカーと自律神経によって動きが変わります。

◆ 豆知識 ◆

脈拍ってなあに？

心臓から大動脈に血液が周期的におし出されるたびに、弾力がある動脈は周期的に膨らみます。これが拍動です。皮膚近くを走る動脈の上に指を置くと、周期的な拍動を感じます。これを脈拍といいます。通常、脈拍は心臓の拍動と一致します。

愛犬と一緒に脈拍を計ってみよう

大循環の動脈は全長にわたって脈を打っています。ふつう、動脈は体の深いところ（筋肉と筋肉の間や筋肉と骨の間）を走っていますが、皮下を走っているところで脈を計ることができます。人で脈を取ることができる場所は、こめかみのところ（浅側頭動脈）、首の上のところ（頸動脈）、手首（橈骨動脈）、太もも（大腿）のつけ根（大腿動脈）などがあります。犬の場合は皮膚が厚いので人より触れにくく、太もものつけ根で大腿動脈に触れます。

このなかで、よくお医者さんが脈を計るところで脈拍を取ってみましょう。人は手首の親指側にある橈骨動脈（図2の10a）、犬は大腿内側にある大腿動脈（股動脈）で取ります（図2の10b）。

15秒間に何回動脈が動くかを数えて、その数字に4をかければあなたと愛犬の1分間の脈拍数となります。小学生では1分間に70〜90回、成人では60〜90回です。成犬の場合は、大型犬ほど脈拍数が少なくなります。小型成犬では1分間に約120回、大型成犬では70〜80回です。あなたと愛犬の脈拍はどうでしたか？

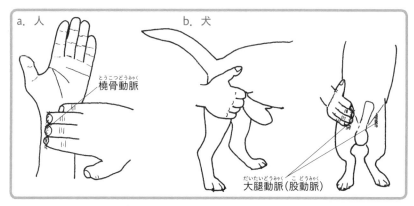

図2の10　人と犬の脈を取る場所
人では服を着たまま脈を取れます。犬では犬に咬まれる心配はありません。

手足の静脈には弁が多い?

動脈の中を流れる血液は、心臓のポンプによる圧力によって全身に送られるので、血液は自然と全身に届きます。血液は全身で毛細血管を流れた後、静脈に流れ込みます。静脈の血圧はほとんどありません。それで、静脈のところどころに弁があり、血液が逆に流れないようになっています。とくに手足(人の上肢・下肢、犬の前肢・後肢)の静脈には弁が多くみられます(図2の11、12)。

手足(人の上肢・下肢、犬の前肢・後肢)の静脈血は、血液の重さに逆らって上に流れなければならないために弁が多くみられ、逆流を防いでいます。

どうして散歩が必要なの?

人の上肢・下肢、犬の前肢・後肢の静脈血は重さに逆らって心臓に戻らなければなりません。長時間立ち仕事をすると、足がむくんだ

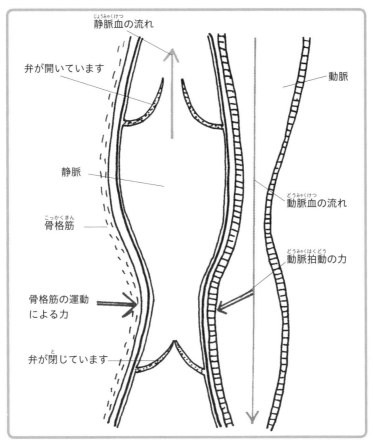

図2の11　手足の静脈の流れ

手足の静脈の流れは、次の2つに助けられて上に向かいます。
❶平行して走る動脈や筋肉に圧されます。
❷弁により逆流を防いでいます。

り、ふくらはぎに痛みを感じたり、疲れることがあります。これは、
人の下肢の静脈血（酸素と栄養が少なく、二酸化炭素と老廃物が多い
血）が流れないので、足に二酸化炭素と老廃物がたまるからです。歩
いているときは静脈の周囲にある筋肉が伸びたり縮んだりするので、

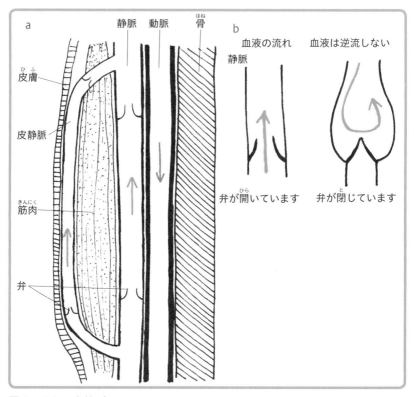

図2の12　皮静脈
(a) 静脈は同じ名前の動脈と平行して、体の深いところを走っています。皮静脈は単独で皮下を走っています。深部にある静脈のバイパスです。
(b) 弁は多くの静脈とリンパ管にみられます。静脈血やリンパが逆流してしまうのを防ぎます。静脈やリンパには血圧がないので、弁は心臓へ血液やリンパを運ぶためのカラクリとなっています。

静脈血は足にたまらずに上に向かいます（図2の11）。これを「筋肉ポンプ」といいます。立ち仕事の合間にストレッチなどの運動をすると筋肉ポンプが働きます。静脈と平行して走っている動脈の拍動によっても静脈血は上におし出されます。それで人でも犬でも散歩が必要なのです。あなたのワンちゃんも望んでいますよ。

◆ 豆 知 識 ◆

皮静脈ってなあに？

　ある器官に酸素と栄養を届ける動脈と、それに平行して走る同じ名前がついた静脈があります。この静脈は筋肉や骨の間の深いところを走っています。動脈と静脈は東海道新幹線の「上り」と「下り」のようです。このような静脈のほかに皮下を走っている静脈（皮静脈）があります。皮静脈は、深部にある静脈をつないでいる静脈のバイパスです（図2の12a）。ふだんは皮静脈にも血液が流れていますが、座ったり寝転んだりして体の重さで深部の静脈がつまると、バイパスとして働きます。

　自分の左手を見てみてください（図2の13a）。皮静脈がみられるでしょう。皮静脈は手足、腹部と胸部の前面にみられます。

人と犬では静脈注射をする
場所がちがう?

　人の上肢には、橈側皮静脈、尺側皮静脈、肘正中皮静脈がみられます。ふだんはこれらの静脈に注射します（図2の13a）。

　犬では皮膚が厚く、毛が生えているので静脈注射の場所は限られます。前肢では橈側皮静脈（セファリック静脈）、後肢では外側伏在静脈（サフェナ静脈）を用います。このほか頸静脈や大腿静脈も用います（図2の13b）。犬の場合は毛を剃って、アルコール綿でこすると静脈が見やすくなります。

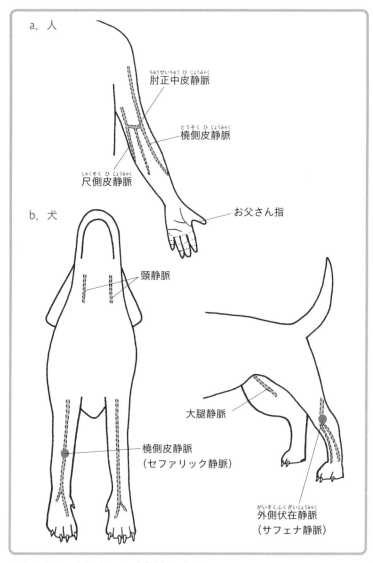

図2の13　人と犬の静脈注射の場所
(a) 人は上肢で静脈注射します。「橈」側皮静脈はお「父」さん指の側と覚えま
　　しょう!!
(b) 犬では前肢のセファリック静脈か後肢のサフェナ静脈に静脈注射します。
　　ときどき頸静脈や大腿静脈も使います。

◆豆知識◆

リンパ管系

循環器系には、血管系のほかにリンパ管系があります。動脈は全身のいろいろな器官に分布し、毛細血管にわかれ、ガス交換と栄養交換を行います。このとき血液中の血漿は組織に出て、組織をつくっている細胞の間に流れ込み（組織液といいます）、細胞に栄養、ホルモン、ビタミンなどを与えます。これら栄養、ホルモン、ビタミンを利用して、細胞はエネルギーや分泌物（たとえば、だ液、ホルモン）などをつくります。その細胞から出た老廃物（カス）は組織液に入ります。この組織液の多くは毛細血管→静脈を経て心臓に戻ります（組織液の約90％）。残りの10％の組織液（リンパといいます）はリンパ管に回収されて、大静脈まで運ばれます（図2の14）。もし十分に回収されないと、脚がむくみます。

リンパ節

リンパ管のところどころにリンパ節という大豆くらいの大きさのコリコリしたシコリのようなものがあります（図2の14）。その中で白血球の仲間のリンパ球がつくられ、待機していて、ばい菌（微生物やウイルス）が体の中に入って来るのを防ぎます。ここで食いとめないと、全身に入って病気になってしまいます。

リンパ球は、一度戦った「ばい菌」の性質を覚えていて、抗体をつくります。抗体があると、同じばい菌が入って来ても体が守られます。狂犬病の予防注射もこれを利用しています（図2の14）。

弁

リンパ管にも、静脈と同じようにところどころに弁があり、リン

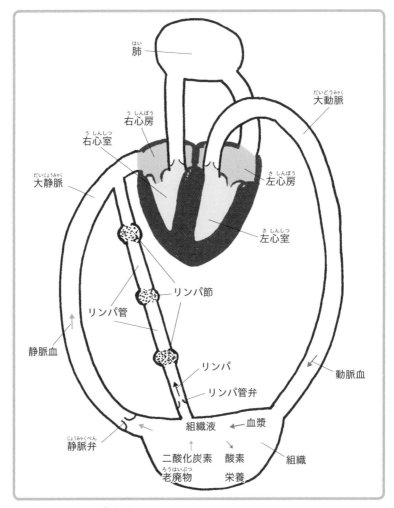

図2の14　リンパ管系
動脈血の中の血漿は組織に出て組織液となります。その90％は静脈血となり、
10％はリンパとなります。リンパ管系にはリンパ節があり、ばい菌の侵入を防
ぎます。

パの逆流を防いでいます。また、静脈と同じように筋ポンプや隣を走
る動脈の拍動に助けられて、リンパの流れは促進されています。

STEP 3 泌尿器

どうしてオシッコが出るの？

◆ 豆知識 ◆

泌尿器ってなあに？

泌尿器とは血液をきれいにする「装置」です。オシッコ（尿）として カス（老廃物と余分なもの）を体の外に出します。

腎臓は血液をきれいにする「イチローさん」です

大人の場合、男性は体重の約60％、女性は約55％が水です。この 水は、日本のどの名水よりも「きれい」です。腎臓、肺、肝臓、皮膚、 腸などが体の水をきれいにしますが、中でも一番すばらしい器官は 腎臓です。腎臓は血液をきれいにするプロ中のプロ、「マリナーズの イチローさん」です。もっと詳しくはp.84の**わん！ポイント**を見て ください。

泌尿器のメンバー紹介

泌尿器は腎臓、尿管、膀胱、尿道からなります（図3の1、2）。

腎臓の位置と形

人では腰の高さで背骨（背柱）の左右に1対あります。その人の「握 り拳」の大きさで、ソラマメの形をしています（図3の1a、2a）。犬でも

位置や形は人と同じです（図3の1b、2b）。

尿管

腎臓と膀胱をつなぐ管で、尿を腎臓から膀胱に運びます。

膀胱

尿をためる袋です。壁の筋肉がよく発達しています（オシッコの量によって大きくなったり、小さくなったりするためです）。

尿道

膀胱から尿を体の外に出す管です。

わん！ポイント
年を取ると皺が増えるのはどうして？

乳幼児では男女ともに体重の約65％が水で、年を取るにつれて体の中の水は少なくなります。60歳以上になると男性では体重の約50％、女性では約45％になります（40歳になると男女ともこの値に近づいていきます）。年を取ると顔の皮膚に皺ができるのは、皮膚が薄くなって水分や弾力が減るためです。皮膚は女性のほうが薄いので、女性のほうがより皺が多くなります。このように年を取るにつれて女性の顔に皺が多くなるのは、水分が減ることも原因の1つです（昔は「梅干しばあさん」と呼ばれるほど皺の多いおばあさんがいましたね）。

幼犬では体重の約70％が水で、成犬では約60％となります。犬でも年を取ると体の水が少なくなると考えられますが、調べられていません。そうだとしても犬の顔の皮膚は厚いので、老犬の顔に皺はできません。犬で年を取るとともに顔の毛が白くなる原因ははっきりしませんが、「体の水分が減っているため？」かもしれませんね。

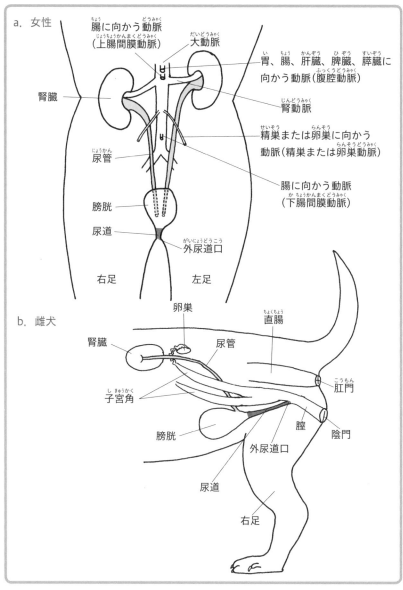

図3の1　女性（雌）の泌尿器
（a）尿道は体の外に開いています。
（b）説明上、左足をなくして左側から見た図。腎臓は膀胱よりも上にありますが、膀胱よりも陰門のほうが上にあります。尿道は膣に開きます。

75

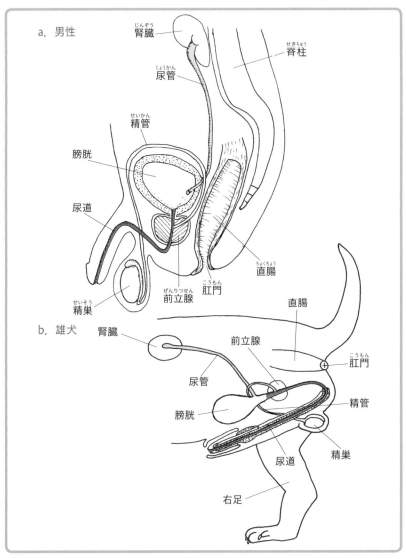

図3の2　男性（雄）の泌尿器

（a）体の中心で切って、右側の泌尿器を左から見た図。男性の尿道はＳ字状で、女性の尿道よりも長い→尿が遠くへ届くようになっています。

（b）説明上、左足をなくして左側から見た図。膀胱は尿道の一番高い場所よりも低い位置にあります。雄の尿道はひらがなの「つ」字状で、雌の尿道よりも長い→狙った場所に尿をかけられるようになっています。

男性 (雄) と女性 (雌) の泌尿器のちがい

ちがいは2つあります。

❶女性 (雌) では腹のほうから膀胱、子宮、直腸の順に並んでいます (図3の1b)。男性 (雄) では腹のほうから膀胱、直腸の順です (図3の2b)。

❷男性 (雄) の尿道は女性 (雌) より長く、人では「S字状」(図3の2a)、犬では「つ字状」(図3の2b) になっていて、遠くに勢いよく尿を飛ばせるようになっています。これは尿によるマーキングに便利ですし、精子を勢いよく射精できます。

男性 (雄) の場合、尿道の始まりの部分に前立腺が取り巻いていて、人では前立腺が肥大すると尿道が狭くなります。犬で前立腺が肥大すると、直腸を圧迫して便秘や排便障害となることがあります (前作p.100〜101の「人と犬の前立腺肥大のちがい」を見てください)。

人と犬の泌尿器のちがい

大きなちがいは、女性と雌犬の尿道の出口 (外尿道口) です。膀胱から出た尿道は、女性では直接体の外に開きます (図3の1a) が、雌犬では膣に開きます (図3の1b)。

犬のオシッコの姿勢

人では直立しているので、腎臓→尿管→膀胱→尿道の順に低くなっています (図3の1a、2a)。人が寝ていても腎臓から膀胱へと尿が向かうのは、尿管の壁の筋肉がよく発達していて蠕動運動で尿を動かしているからです。蠕動運動についてはSTEP7のp.148を見てください。膀胱の筋肉は抜群に発達しているので、膀胱が収縮してオシッコが体

外に出ます（詳しくはp.85〜87「どうしてオシッコをしたくなるの？」を見てください）。

　犬の場合も尿管の蠕動運動で尿が腎臓から膀胱に向かいます（図3の1b、2b）。膀胱の筋肉はよく発達しているので、それで寝転んでいても、膀胱の筋肉が働く（縮む）とオシッコが体外に出ます。

　雌の場合、しゃがむ（犬座姿勢）と膀胱のほうが尿道の出口より上になります（図3の3a）。雄の場合は片足をあげると尿道と膀胱がだいたい同じ高さになります（図3の3b）。オシッコのときの姿勢は、オシッコが体にかからないことと、尿が膀胱に残らないようになっています。また、雄犬の場合はマーキングという大切なお仕事があります。片足を高くあげて、なるべく高いところにオシッコをかけて、自分が大きいことを表現しているのです。私は、小型犬が逆立ちしてオシッコをしているのを何回も見たことがあります。

いつから雄犬は片足をあげてオシッコするの?

　雄犬は春期発動（8カ月から1.5歳齢）に達すると、片足をあげてオシッコをするようになります。春期発動は小型犬より大型犬で遅い傾向にあります。もちろん個体差はありますので、「ウチのワンちゃんは4カ月齢の頃から足をあげてオシッコするよ」という人に会ったこともあります。

　春期発動期になると、精巣から男性ホルモン（テストステロン）が多く出るようになるためです。幼犬期に精巣を去勢すると、成犬になっても雄犬は足をあげてオシッコをしません。逆に雌犬に男性ホルモンを注射すると、片足をあげてオシッコをするようになります。このように男性ホルモンの働きで、片足をあげてオシッコをします。ただし、性成熟に達した雄犬を去勢したあとでも、足をあげてオシッコをします。

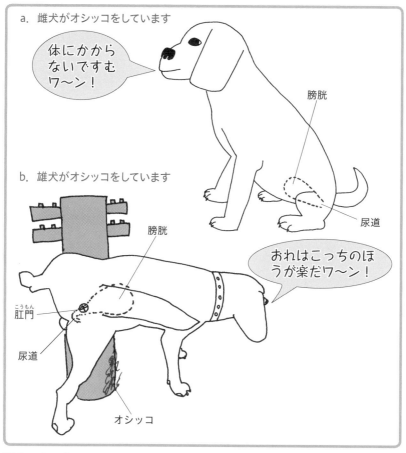

図3の3　犬のオシッコ
（a）座る（犬座姿勢）と膀胱のほうが尿道よりも上になるので、簡単にオシッコが体の外に出ます。自分にもかかりません。
（b）膀胱と尿道が平行になっています。マーキングは雄犬の大切な仕事です。

　　春期発動とは雌では初回排卵時期（はじめのヒート［発情期］）、雄では精巣で精子がつくられる時期です。春期発動後、生殖器が成熟動物と同じになる時期を性成熟期といいます（詳しくは前作p.23の「大型犬ほど早く年を取る？」を見てください。

腎臓の働き

　心臓から出た大動脈が腹腔に来ると、胃、腸、肝臓、腎臓、生殖器などに動脈を送ります。このうち、腎臓に向かう動脈（腎動脈）が抜群に太く、多くの血液が腎臓に送られていることを物語っています（図3の1a）。

　心臓から出た血液の20％が腎臓に送られます（脳へは15％。胃、腸、肝臓などへは30％）。これは腎臓で血液をろ過し、「カス」を尿として排出するためです。それで、腎臓に入る腎動脈には老廃物や不要なものが含まれていますが、腎臓から出る腎静脈では体に不要なものは含まれていません。

オシッコをつくる装置

　尿をつくる装置を腎単位といいます（図3の4）。腎単位は腎小体（糸球体と糸球体嚢）と尿細管からなります。腎単位は、人の1個の腎臓には約100万個、犬は約40万個あります。腎動脈が腎臓の中でどんどん枝わかれして細くなり、糸まりのようになったのが糸球体です。この中を流れる血液はろ過され、ろ過された液（原尿＝水、尿酸、塩分、糖など）は、糸球体を囲んでいる袋（糸球体嚢）で受け取られます。1日につくられる原尿は人では約180L（ドラム缶1本分）で、その1/100の約1.5Lがオシッコになります。大型犬で200〜300Lの原尿がつくられ、オシッコは1〜2Lつくられます。

糸球体で原尿ができるカラクリ

　体のことを勉強すると、「どうしてこんなに（素晴らしいつくり）になっているの？」と不思議に思うことがあります。動脈血がろ過されて原尿ができる腎臓もその1つです。糸球体の前にある細い動脈（輸

入細動脈）より後ろにある細い動脈（輸出細動脈）はさらに細くなっています（図3の4）。また糸球体の壁も薄く、小さな穴がたくさん開いています。そのため輸入細動脈を流れる動脈血の約1/10が糸球体でろ過され、原尿になります。

原尿からオシッコがつくられるカラクリについては、p.84の**わん！ポイント**と図3の5を見てください。

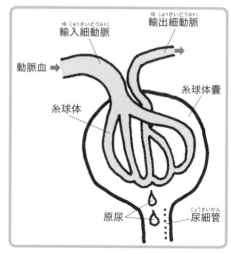

図3の4　オシッコをつくる装置（腎単位）

糸球体を流れる動脈血はろ過されます。ろ過された液（原尿）は糸球体囊に受け取られます。原尿はオシッコのもとです。

STEP
3
泌尿器

人と犬の腎臓はどっちが進化してるの？

原始的な腎臓は葉状腎といって、ブドウの房のように見えます（図3の6a、c）。ブドウの「実」の一つひとつが腎臓なのです。つくられた尿は尿管に集まります。水に縁のある哺乳類（イルカ、カワウソ、北極熊）はこのような腎臓を持っています。牛の腎臓の表面は葉状腎のように「ごつごつ」していますが、中はくっついて1つになっています（図3の6d）。人や豚の腎臓はさらにくっつき、腎臓表面はツルツルしています（図3の6e）。腎臓の中もそれぞれのブドウの実が完全にくっついた状態になっています（図3の6e）。犬ではさらにくっついた状態になっています（図3のf）。馬やヒツジも犬と同じです。

豚の腎臓の形、大きさ、内部の構造は人に似ています（図3の6e）。腎臓が病気で使えなくなったとき、ほかの人の腎臓を移植することがあります。

81

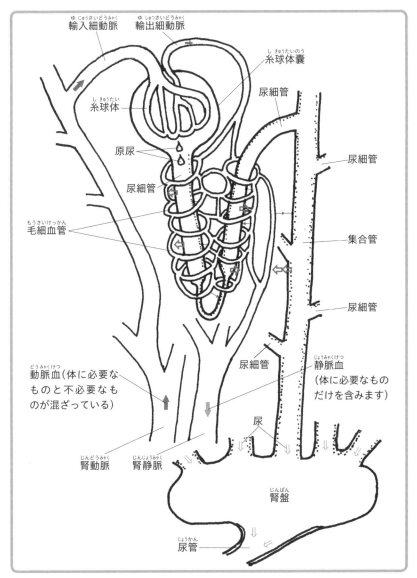

図3の5　オシッコができるまで
大量の原尿（大型犬で1日200〜300 L）がつくられ、尿細管と集合管でそのときの体調にあわせて血管へ吸収されるもの（⇨）と血管から尿細管へ分泌されるもの（→）が調節されます。原尿の大半は血中に吸収されるので、大型犬のオシッコ（⇨）の1日量は1〜2 Lです。

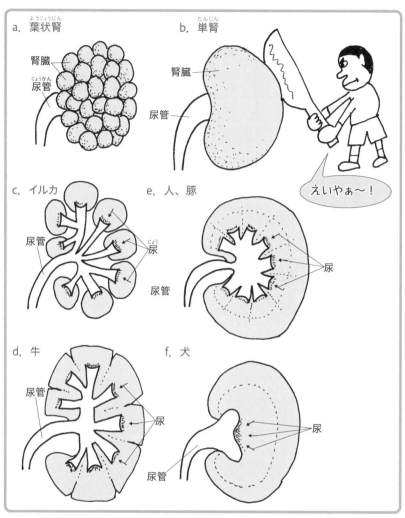

図3の6　腎臓の形のちがい

（a）葉状腎：ブドウの房のように小さな腎臓が集まっています。

（b）単腎：小さな腎臓が一部または完全にくっついています。

bのように切ると（c）～（f）のような断面がみられます。（f）→（e）→（d）→（c）の順に強くくっついています。

しかし人の腎臓を移植に使うには入手がたいへん難しく、また他人の臓器を移植すると拒絶反応が起こるという難点もあります。そのようなことを考えながら、人に移植できる豚の腎臓をつくる研究も行われていましたが、ES細胞や山中先生のiPS細胞で近い将来腎臓がつくられるようになるかもしれません。詳しくは、p.87～88の**わん！ポイント**を見てください。この研究をもとに、この本を読んでくれたみなさんの中の誰かが、将来移植可能な腎臓を作ってくれることを期待します。

　人と犬の腎臓のどちらが進化しているかの結論もおまかせします。

わん！ポイント
腎臓は体にいらないものを捨てる装置なの？

　糸球体嚢に続く細い管を尿細管といいます。多くの尿細管が集まった管を集合管といいます。多くの集合管が集まった広場を腎盤といいます（図3の5）。腎盤にたまったオシッコは尿管の蠕動運動によって膀胱に運ばれます。

　尿細管と集合管を流れる間に、原尿の大半はそれらを取り巻いている毛細血管に吸収されます。毛細血管から尿細管と集合管に分泌されるものもあります（図3の5）。

　ウンチの場合は、体にいらない「カスとばい菌」です。オシッコの場合は、そのときの体調や気温により吸収や分泌されるものの量や質がちがってきます。汗をたくさんかくと体の水分が少なくなるので、水の吸収が多くなります。同時に体に必要なカリウムイオン（K^+）、ナトリウムイオン（Na^+）、カルシウムイオン（Ca^+）も汗と一緒に出て行くので、吸収が増えます。マラソンのときはたくさんの汗をかくので、水に加えてK^+、Na^+、Ca^+などの補給も必要となります（これらは体内でつくられないからです）。

　このように腎臓は、血液をきれいにするとともに体調にあわせて捨てるものと拾いあげるものを調節する装置です。それで、プロ中のプロです。

オシッコと汗は関係あるの?

　暑いと人は汗をたくさんかいて体温をさげます。このときはオシッコの量が少なくなります。逆に寒いと汗の量が少ないので、オシッコの量が多くなります。腎臓は体の水の量と老廃物（尿素）や余分なものをオシッコにするのを調節しています。腎臓は視床下部でつくられた抗利尿（オシッコが出ないようにする）ホルモンの助けをかりて尿の量を調節しています。

　視床下部で抗利尿ホルモンがつくられ、いつでも使えるように下垂体後葉で貯えられています。血液中に抗利尿ホルモンが多く出ると、尿細管で再吸収される水が多くなり血管のほうに水が移ります（尿が少なくなり、濃くなります）。抗利尿ホルモンが少なくなると、血管への水の移動が少なくなります（尿が多くなり、薄くなる）。暑くて汗をたくさんかくと、抗利尿ホルモンが多く出てオシッコの量が少なくなり、逆に寒いと抗利尿ホルモンが減って、オシッコの量が多くなります（視床下部と抗利尿ホルモンについては、それぞれSTEP 4神経とSTEP 5内分泌の章を読んでください）。

　犬の場合は汗を出して体温を調節しませんが、暑いとハアハア呼吸を早く（浅速呼吸）して、口や鼻から多くの水を蒸発させて体温をさげています。これにより、暑いとき、寒いときに人と同じようなことが起こっています（つまり暑いとオシッコの量が少なくなり、寒いと多くなります）。

どうしてオシッコをしたくなるの?

　膀胱は尿をためる袋です。成人で尿のたまる量は300〜500 mLです。200 mL以上の尿がたまると、反射的にオシッコをしたくなります

（尿意をもよおします）（図3の7）。しかし、この尿意は脳にも伝えられ、昼でも夜でもオシッコが出ないように「がまん」できます（図3の7b）。赤ん坊は脳による「がまん」がないので、反射的にオシッコが出ます（おむつがいります）。幼児は寝ているときに「がまん」ができないとオネショします（図3の7a）。

　膀胱の壁の筋肉はよく発達しています。尿が膀胱にたまると、反射的に膀胱の筋肉が働いて（収縮して）オシッコが出ます（図3の7の❶尿が膀胱にたまったことを脊髄に伝えます→❷脊髄から「膀胱の筋肉が収縮するよう」命令が行きます）。しかし、膀胱に続く尿道の入

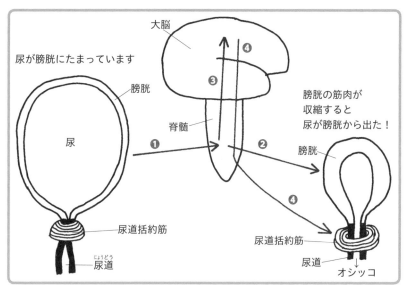

図3の7　オシッコが出るカラクリ
(a) 膀胱に尿がたまります→❶脊髄に伝わります→❷膀胱の筋肉が働きます（収縮します）→オシッコが出ます（赤ん坊は反射的にオシッコします）。
(b) 成人の場合はaに加えて❸大脳に伝わります→❹大脳が尿道括約筋を収縮させます（オシッコが出ないようにします）→トイレに行くと大脳の命令がなくなります→❹尿道括約筋が緩みます→オシッコが出ます（脳で考えてオシッコします）。

り口には尿道括約筋という筋肉の束が尿道を取り巻いています。ふだんは脳から尿道括約筋へ、「収縮してオシッコが出ないようにがまんしろ」と命令（自分の意思）を出しています（図3の7の❶尿がたまったことを脊髄に伝えます→❸脊髄から大脳に伝えます→❹大脳から尿道括約筋へ「収縮して、がまんしろ」という命令を伝えます）。トイレに駆け込んでオシッコができる状態になると（脳の命令がなくなると）、尿道括約筋が緩んでオシッコがでます（図3の7b）（反射についてはSTEP4神経の章p.113〜116を見てください）。

犬の場合は脳で考えてオシッコをしている？

　犬はオシッコしたくなると、人の赤ん坊のようにその場で反射的にオシッコをします（図3の7a）。トイレをしつけられた犬は脳で考えて、トイレまでがまんします（図3の7b）。散歩のとき、雄犬が臭いを嗅いでマーキングする場所を探す場合は、反射ではなく頭で考えてから、電柱・木などにオシッコをかけていると私は思います。オシッコは、自分の体調をほかの犬に知らせる掲示板です（本当は犬に聞いてみないとわかりませんが……）。

わん！ポイント

ミニ心臓

　本書の2版作成中に東京医科歯科大学などの研究チームが画期的な論文を発表されました。マウスのES細胞から直径1mm程度の「ミニ心臓」を作成されました。心房や心室があり、拍動もあるのです（ネイチャーコミニケーションズ、2020/09/3）。ES細胞は、受精卵から作られ、色々な

組織や臓器になれることが知られていますが、複雑な構造の「心臓」が作成されたことは驚きというよりも研究の発想と努力に称賛と感謝を送りたいと思います。将来、人間や動物に移植可能な心臓の作成の夢の第一歩であることを願います。

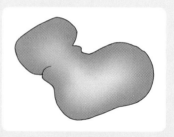

ミニ心臓

　人でも動物でも病気の治療の1つは臓器の移植です。しかし、特に人では移植できる臓器が少ないのと移植時の拒絶反応が問題です。

　人と豚の腎臓が形態的に類似していることから、豚腎臓の人への移植を対象にヒト遺伝子を導入した豚腎臓の作成が試みられて来ました（佐藤英明東北大学名誉教授）。京都大学の山中伸弥教授が発見されたiPS細胞（人工多能性幹細胞）から目の黄斑細胞や心臓の筋細胞などが作成され、臨床面で応用されています。また、人のiPS細胞から「ミニ肝臓」も作られています。

　卵子と精子の2つの細胞から、胚子になる細胞と胎盤になる細胞が分化し、胚子の各臓器にどのように分化していくかは謎の中の謎です。何が原因で、特定の細胞、組織や臓器へと分化していくか知りたく思っているのは、私だけではありますまい。このような発生学の研究から移植可能な「適正な大きさの臓器」が作られるようになることを願いながら本書の記述を終わりたいと思います。

STEP 4 神経

頭の中はどうなってるの？

　自分のすべての器官(きかん)をコントロールしているのが神経(しんけい)です。阪神タイガースで例えると、神経は矢野監督とコーチ陣です。器官は近本、糸井、大山、サンズ、梅野など選手のみなさんです。たとえば0対0で5回裏、一塁走者近本、打者糸井のとき、監督は「ヒットエンドラン」のサインを出しました。糸井は見事に一二塁間をやぶるヒットを放ち、走者一三塁とチャンスを広げます。ネクストバッターズサークルには大山が！　そうしたら、みなさんは「自分がすべての器官の監督である」と考えると思います。ところが、そうでないところが多いのです。自分で考えて手を動かすことはできますが、心臓(しんぞう)を動かすことはできません。それどころか、心臓はみなさんが眠っているときも働(はたら)いています。脳(のう)については人でもわからないところがいろいろとありますが、じつは犬ではもっとわかっていません。研究されてないのです。

　このように神経は複雑で、説明するのも学ぶのも難しい器官の集まりです。この章ではみなさんに神経を楽しく理解していただきます。

◆豆知識◆

神経のメンバー紹介

　神経(しんけい)は電話局と携帯電話の関係に似ています（図4の1）ので、電話局と携帯電話を例にとって説明します。神経は中枢神経(ちゅうすうしんけい)と、中枢神

89

図4の1　ぼくがウズに電話をしています
電話の通話は神経に似ています。ぼくの声は電波（末梢神経）で電話局（中枢神経）に伝わり、電話局から電波（末梢神経）でウズに伝わります。

経と器官を結ぶ末梢神経にわかれます。

中枢神経

　すべての電話をコントロールするのは電話局です（阪神では矢野監督とコーチ陣です）（図4の1）。中枢神経は脳と脊髄にわかれます（図4の2a、b）。
　脳は大脳＝監督、間脳、小脳、脳幹（中脳、橋、延髄）にわかれます（図4の2a、b）。間脳、小脳と脳幹はコーチ陣です。脳は頭蓋腔に入っています（前作p.17図2の1）。嗅脳は大脳の一部です。犬ではよく発達していますが、人では退化しました（図4の2）。　脊髄（阪神ではコーチの1人）は延髄に続き、背骨（脊柱）の中に入っています。

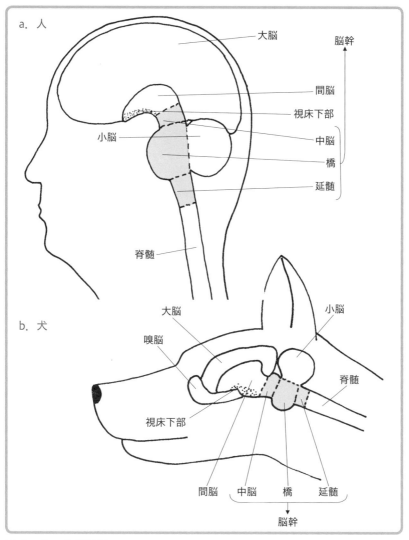

図4の2　中枢神経

(a) 中枢神経は脳（大脳、間脳、中脳、橋、延髄、小脳）と脊髄からなります。
脳幹＝中脳＋橋＋延髄。視床下部は間脳の一部です。人の嗅脳は小さいので、
この状態では見えません。

(b) 嗅脳は大脳の一部です。犬ではよく発達していますが、人では退化しています。
嗅脳が大きいことが、犬の嗅覚がよい理由です。しかし大脳は小さいです。

末梢神経

電話局とみなさんの携帯電話を結ぶ電波です（野球では監督と選手の間に交わされるサインです）（図4の1）。脳脊髄神経と自律神経にわかれます。

細胞の基本形と神経細胞のちがい

細胞の基本形は四角形か丸形などで、中に1つの核を持っています（図4の3a）。詳しくはStep 6の細胞の章（P.131、132）を見てください。細胞の基本形と神経細胞がちがう点は2種類の長い突起（軸索突起と樹状突起）を持っていることです。したがって、神経細胞は神経細胞体と2種類の突起からなります。そのため神経細胞はお星さまのように見えます（図4の3b）。

大脳の表面は神経細胞体の集まりで、皮質と

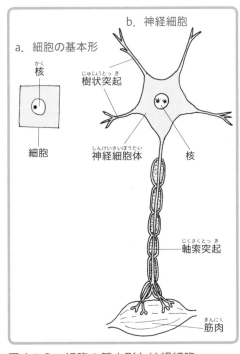

図4の3　細胞の基本形と神経細胞
基本の細胞は四角形か丸形です。神経細胞は星形で突起を持っています。

いいます（図4の4）。大脳皮質は脳の中でも一番えらいのです（つまり阪神では矢野監督）。大脳の内部は軸索突起の通路で、髄質といいます（図4の4）。軸索突起は長いものでは1m以上もあります。末梢神経は軸索

突起が何千本も集まってできていて、大脳と目、皮膚、筋肉などとつ
ながっています（図4の4）。図4の1で説明すると、目や皮膚はぼくで筋肉
はウズ（野球ではぼくとウズは選手）です。末梢神経が電波（監督と選

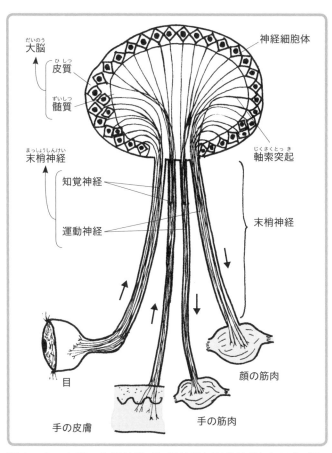

神経細胞体

大脳
皮質
髄質

末梢神経
知覚神経
運動神経

軸索突起

末梢神経

目

手の皮膚

顔の筋肉

手の筋肉

図4の4　大脳、末梢神経（知覚神経と運動神経）と器官（目、
皮膚、筋肉）の関係

人の大脳皮質は約140億の神経細胞体からできています。神経細胞
の軸索突起は末梢神経となり、刺激を伝えます。知覚神経は感覚器
（目、鼻、耳、皮膚など）で感じた刺激を大脳に伝えます。運動神経
は脳からの命令を筋肉に伝えます。矢印は刺激の方向です。

手の間のサイン）です。目や皮膚で感じたものを脳に伝える神経を知覚神経、脳から筋肉に命令を伝える神経を運動神経といいます（図4の4）。

犬の大脳は人より小さい?

動物に比べて人がもっとも発達している器官は大脳です。成人の脳の重さは1,200～1,500ｇで、体重との重さの比は1：48です。対して成犬の脳の重さは70～150ｇ（大きい犬のほうが脳は大きい）で、その体重比は1：100～400と、人のほうがはるかに大きいことがわかります。

人と犬の脳はそれぞれの頭蓋腔に入っています（前作p.17図2の1）。人の脳は上顎と下顎の上にのっています（図4の2a）が、犬の脳は後ろにずれてます（図4の2b）。

犬の脳は人より小さく、後ろにずれているので、上顎と下顎のつくりに負担となりません。人では副鼻腔が大きく、鼻中隔に弯曲がみられます（p.24の図1の9を見てください）。

大脳は人と犬でちがうの?

人の大脳皮質には多くの「皺」があり、伸ばすと新聞紙1ページ分ぐらいの大きさになります。大脳皮質に皺があるのはその面積を増やすためです。ネズミやウサギの大脳には皺がありません。犬の皮質にも皺がありますが、その数は人に比べて比較できないほど少しです。人の大脳は前頭葉、頭頂葉、後頭葉、側頭葉（それぞれ大脳の前、頂上、後ろ、外側にあるという意味です）にわかれます（図4の5a）。大阪府が大阪市、堺市、茨木市、枚方市、守口市などにわかれているのと同じです。

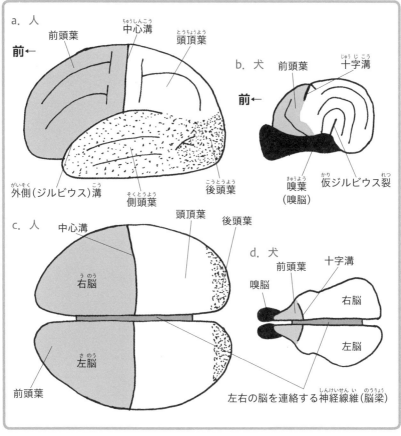

図4の5　人と犬の大脳
（a、b）人と犬の左の大脳を左側から見た図
（c、d）人と犬の大脳を上から見た図
人の前頭葉は犬に比べて大きく発達しています。左右の大脳は脳梁という神経の束で連絡しています。大脳の表面には多くの溝がありますが、図では省略しています。

　大脳の皺の溝（境界）の内、2つの溝（中心溝と外側溝［ジルビウス溝］）が人では有名です。これらの溝から大脳の発達状態を見ることができます。人の中心溝は犬の十字溝、人の外側溝は犬の仮ジルビウス裂と一致します（人と犬で名前がちがいます）。人の中心溝（犬の

十字溝）の前が前頭葉です。犬でも前頭葉をわけることができますが、ほかの葉は人のように区別するのが難しいので本書ではとくにわけません（図4の5b）。

　大脳全体に対する前頭葉の割合は人が40％、犬が7％で、人では前頭葉が非常に発達しています。人の場合は「前頭葉が大脳である」と考えてもよいくらい重要です。外側溝が人のように横向きのほうが頭頂葉や側頭葉が発達しています（図4の5a）。犬の外側溝（仮ジルビウス裂）は立っているので、頭頂葉も側頭葉もあまり発達していません（図4の5b）。

　人（図4の5c）でも犬（図4の5d）でも大脳は左脳と右脳にわかれています。左脳と右脳をつないでいる神経の束を脳梁といいます。

　犬では臭いに関係する嗅脳が大きいので、大脳の横や上から見えます（図4の5b、d）。人でも嗅脳はありますが、小さいので横や上からは見えません（図4の5a、c）。犬では「嗅脳が大脳である」と考えてもよいくらいです。

古い皮質？　新皮質？

　人や犬の祖先でもある両生類（カエルやサンショウウオ）の大脳は、古い皮質だけでできています。古い皮質は臭いと本能的な働き（食欲、性欲、怒り、飢え、快と不快、恐怖の感情）を命令します。このように本能は、親や社会から教えてもらわなくても、生まれながらに生きる知恵として授かっています。したがって両生類から哺乳類まで、みんな古い皮質を持っています。

　新皮質は爬虫類（ヘビ、トカゲ）で現れ、哺乳類で発達しました。新皮質では考えたり、記憶したり、喋ったり、聞いたりします。新皮質の発達した動物では古い皮質を新皮質が囲んでいます（図4の6a、b）。

　新皮質、とくに前頭葉は人で著しく発達しました。道徳を考える領

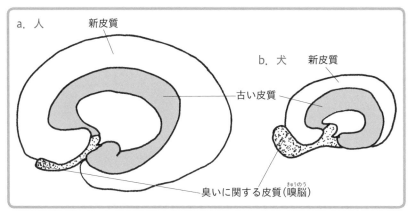

図4の6　人と犬の大脳の古い皮質と新皮質
犬に比べて人では新皮質の割合が多くなっています。古い皮質は新皮質に囲まれ、
臭いや快、不快、恐れ、怒りのような本能を支配します。犬では臭いに関する皮質
がよく発達しています。

域は前頭葉です。

　それで、人は道徳で本能をおさえることができますが、犬は本能を
おさえることが難しいのです。

　人では前頭葉が発達し（図4の5a）、本能に変わる知恵（道徳）が生ま
れました。犬は前頭葉があまり発達しなかったのです（図4の5b）。犬
と楽しくつきあうためにはこの点を考えて、幼犬のときからつきあう
必要があります（必要なしつけは心を鬼にして行ってください）。

　しかし犬の古い皮質の中で臭いに関する部分は抜群に発達していま
す。これが犬の嗅覚が優れている理由です（図4の6b）。

　約6,500万年前、人の祖先が四足歩行をしていた頃は、嗅覚に関す
る古い皮質は大きかったと考えられます。その後、立って歩くように
なると、手の運動や話にかかわる新皮質が大きくなりました。逆に
鼻が地面から離れた生活をするようになって、嗅脳は退化しました
（図4の6a）。

犬には表情筋がない?

　前作（p.86〜87）で、犬では笑う、泣く、喜ぶ、悲しむなどの表情を表すことができないと話しました。これらの感情を表すことは、古い皮質（ひしつ）ではできません。顔の表情は新皮質（しんひしつ）の中の前頭葉が受け持っています。これは多くの動物の中でも人だけに生まれました。人では子どもとお母さんの間、社会での生活の中で、顔によって意志を伝える必要があったのです。人は顔の表情で自分の心を表す名人です。そもそも人の前頭葉（ぜんとうよう）は、人らしい感情（うれしい，楽（たの）しい、悲しい、辛（つら）い）をつくれます。人で表情を表す筋肉を表情筋（ひょうじょうきん）といいます。犬でも同じ筋肉（きんにく）がありますが、口、鼻、目を開けたり、閉じたりするだけです。怒りや恐れ、攻撃、痛み、服従（ふくじゅう）などの本能は表すことができますが、笑ったり泣いたりはできません。

犬は悲しくても涙を流さない?

　人は悲しいときに涙を流しますが、犬では悲しくても涙を流しません（前作p.77〜78を見てください）。人では悲しいことを他人に伝えるとともに、自分でも悲しいことを納得するために涙が頬（ほお）を流れると思われます。悲しみの中枢（ちゅうすう）は大脳（だいのう）の前頭葉（ぜんとうよう）にあります。人の前頭葉は抜群に発達しています。

　でも、犬の前頭葉は小さくて発達がわるいですが、人と1万年以上も一緒に生活（せいかつ）してきたので「悲しい」という感情は持っているかもしれません。

　人の大脳の働きは脳梗塞（のうこうそく）、脳腫瘍（のうしゅよう）、交通事故、戦争などの患者によってかなりわかっています。犬ではまだまだわからないことが多いのが現状です。私の研究の1つにストレスの研究があります。証明したわけではないのではっきりしたことはいえませんが、人は涙を流すこと

によってストレスを解消しているのだと思います。人では、うれしくても涙を流しますし、悲しくても笑います。これは人の前頭葉がさらに発達しつつある証拠だと思います。

大脳皮質ってどんな働きをするの？

大脳皮質は大脳の表面にある神経細胞体の集まりです（阪神タイガースの矢野監督です）。合計約140億の細胞体からなります。大脳皮質は体のすべてのところから送られて来る情報を判断したり、各部に指令を送ります。大脳皮質の場所によって、その働きは決まっています（図4の7）。

大脳皮質には同じ働きをする細胞が集まっています（「××野」といいます）。人ではよくわかっている有名な場所を説明します。

図4の7a ❶：「体の骨格筋を動かす」場所（運動野）です。しかも口、手、足、体などの筋肉を動かす場所も決まっています。ある場所の神経細胞が死ぬと再生しません。たとえば脳梗塞で、ある場所の神経細胞が死ぬと支配場所（たとえば左手）が麻痺して動かなくなります。

図4の7a ❷：「体の感覚（痛い、熱い、冷たいなど）を感じる場所です（体知覚野）。❶と同じく口、手、足、体などの感覚を感じる場所は決まっています。

図4の7a ❸：臭いを嗅ぐ場所（嗅覚野）です。

図4の7a ❹：耳で感じた音を聞く（聴く）場所（聴覚野）です。

図4の7a ❺：目で感じたものを見る場所（視覚野）です。

図4の7a ❻：舌で感じた味を味わう場所（味覚野）です。

言葉については図4の7a ❼と❽が有名な言語野です。❼は運動性言語野（ブローカ野）といい、隣にある❶の口を動かす場所に命令して、言葉を話します。❽は感覚性言語野（ウェルニッケ野）といい、隣の

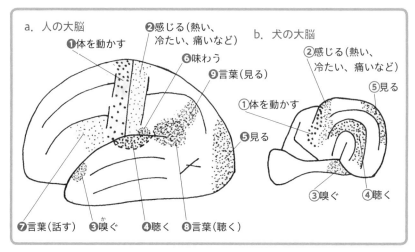

図4の7　人と犬の大脳皮質の役割

大脳皮質は場所によって働きがちがいます。人では多くの場所の働きがわかっていますが、犬でははっきりしない場所が多いです。右利きの人では言葉（❼話す、❽聴く、❾見る）を理解する場所は左脳だけにあります（左利きの人は右脳にあります）。※蛇足になりますが、人の大脳皮質の役割を示す図は、必ず左脳で右脳の図を見たことはありません。

❹で聴いた言葉を判断する場所です。図4の7a❾は隣の❺で見た文字を判断する場所です。

　犬でも図4の7b①〜⑤を示しました。しかし、犬では人ほどわかっていません。少なくとも犬の脳は前頭葉や言語野の発達がわるいことが人とのちがいです。犬は人の言葉を30〜100語はわかるといわれていますが、人の言葉を話すことはできません。言葉がわかるのは❽の言語野で判断しています（❹の近くにあると思われます）。話せないのは❼の言語野が働いていないからです。しかし、犬語（ワン、キャン、ウ〜など）は❼で行っています（図4の7b①の近くにあると思われます）。手や体の動作で、犬が人の言葉を理解するのは❾の言語野で行っていると思います。犬の場合、❼、❽、❾の言語野があっ

たとしても、とても小さいと思います。全く研究されていません。

　人の新皮質の中でも前頭葉や言語野が最後に発達しました。これからもますます発達するでしょう。

　大脳は左右にわかれ、脳梁という神経の束によって左右の脳の情報を連絡しています（図4の5c、d）。

左脳と右脳のちがい

　人の大脳皮質は左脳と右脳で役割分担されています。右利きの人の左脳は話す、読む、書くなどの言葉や計算に優れています。右脳は絵を描いたり音楽を演奏したりするのに優れています（図4の8）。左利きの人の脳の働きは左と右で逆になっています。

　もっとも手足の筋肉を動かすこと、体の感覚（痛い、熱い、冷たいなど）、見ること、嗅ぐことに関しては右脳と左脳でちがいはありません。ただし嗅覚は同側の脳が引き受けますが、体の筋肉の運動、体の感覚、視覚は反対側の脳が引き受けます（図4の8）。

　聴覚については少しちがいます。耳で感じたものの多くは反対側の大脳で聞いていますが、同側の大脳でも聞いています（図4の8）。左右の脳に入る音の強さや時間のちがいで音源がわかるようになっています。「私の耳は右のほうがよく聞こえるかも？」と不思議に思われているかもしれません。人では左脳に言語野があるので、左聴覚野が少し発達しています（言語野と聴覚野の関係はp.99～101「大脳皮質ってどんな働きをするの？」を見てください）。それで、右耳のほうが少しだけよく聞き取れるのです。

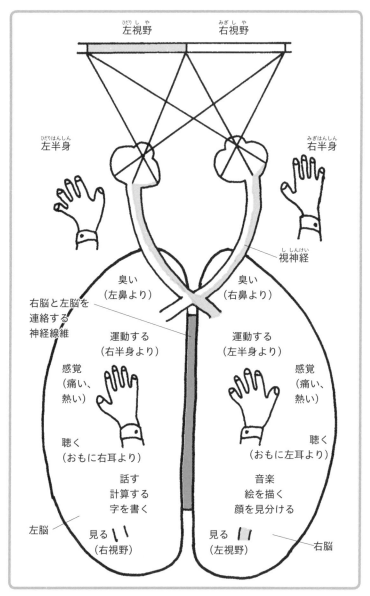

図4の8　人の左大脳（左脳）と右大脳（右脳）の働き
左脳と右脳を連絡している神経線維に注目！　左脳は話す、字を書く、計算が得意です。右脳は音楽、絵を描く、顔を見分けるのが得意です。運動や感覚には左脳と右脳の区別はありません。

犬も左脳と右脳はちがう？

　人類の祖先は猿人、原人（北京原人、ジャワ原人など）、旧人（ネアンデルタール人）、新人（クロマニョン人）の順に進化しました*。

　猿人は、約450万年前に二足歩行し、手を使って食べ物を食べていたと考えられています（脳の容積は300 mLでした）。さらに猿人は直立二足歩行となり、石器を使っていたと想像されています。人が石器などの武器を使って狩りをするようになると、新皮質がどんどん発達しました（脳の容積は800 mL）。

　70万年前頃、原人は火を使っていました（脳は容積は1,000 mL）。11万年前～5万年前頃、旧人は言葉による会話をしていたと考えられています。話をするようになると、左脳はどんどん発達するとともに大きくなりました（脳の容積は1,500 mL）。この時代、ほとんどの人は右利きであったといわれています。また、左脳の言語中枢の発達により左右の脳にちがいがみられるようになりました。さらに3万年前、クロマニョン人のように芸術的な絵を描くようになった頃には、現在の人のように左脳と右脳のちがいがはっきりみられるようになりました。脳の容積は現代人と同じになりました（脳の容積は1,400 mL）。

　このように、ぼくたちの脳は「少なくとも10万年」かかって「話す力」と一緒に発達しました。現代人においても左脳と右脳のちがいは、言葉を覚えた幼児からみられるようになります。

　犬には残念ながらこのような左脳と右脳のちがいはないと思います。犬の大脳は小さく、新皮質の発達はわるく、言葉の中枢が発達

---

*猿人、原人、旧人は全て絶滅しましたが、新人が現代人になる間に同じような経過で脳は発達したと私は考えています。

していないと考えるからです（p.99「大脳皮質ってどんな働きをするの？」を見てください）。

　人の大脳の溝（みぞ）は左脳と右脳ではっきりとちがいがみられますが、犬ではほとんどちがいがみられません。

脳幹ってなあに?

　脳幹は中脳（ちゅうのう）、橋（きょう）、延髄（えんずい）をまとめた脳です（図4の2a、b）。呼吸（こきゅう）、心臓（しんぞう）の働きのような生命の維持を行います（自分でコントロールはできません）。

　大脳がダメージを受け意識不明になっているが、脳幹は活動している人を植物人間といい、栄養を補給すると生きることができます。脳死（のうし）は大脳も脳幹もダメージを受けている状態（じょうたい）をいいます。

◆ 豆 知 識 ◆

間脳の働き

　間脳（かんのう）は自分の意思で動かすことのできない器官（心臓（きかん）、消化器（しんぞう）、呼吸（しょうかき）器（こきゅう）など）を支配しています。とくに間脳の一部の視床下部（ししょうかぶ）は自律神経（じりつしんけい）の最高中枢（さいこうちゅうすう）で、体温、性（せい）の衝動（しょうどう）、睡眠（すいみん）などを調節しています（図4の2a、b）。

体内時計ってどこにあるの?

　人も犬も夜眠り、朝に目覚めて、決まった時間にごはんを食べ、一緒に散歩に行きます。このように一日中、リズムのある生活をしています。これは体の中に体内時計があるからです（図4の9）。

　哺乳類（ほにゅうるい）では視床下部（ししょうかぶ）にある小さな場所（視交叉上核（しこうさじょうかく））が、鳥では松果体（しょうかたい）が体内時計です。人でも犬でも目に入って来た「明るい、暗いの1

日の光リズム」を視交叉上核が覚え、体内時計となります。視交叉上核のリズムは松果体にも働いてメラトニンというホルモンが周期的に分泌されます。メラトニンはレム睡眠と関係があると考えられています。

図4の9　人と犬の体内時計
人にも犬にも体内時計があります。夜眠り、時間が来ればごはんを食べ、散歩に行きます。体内時計はどこにあるのでしょう？

　狼は、約1万5,000年前に人と一緒に生活するようになり、現在の犬になりました。

　体内時計は人より犬のほうが優れています。人は時計などによって体内時計にたよらない生活を続けてきたからです。さらに、犬より野生の狼のほうが優れています。

どうして眠るの？　どうして夢を見るの？

　人は体内時計により、夜眠ります。睡眠には2種類（「ノンレム睡眠」と「レム睡眠」）あります。レム睡眠は睡眠中に眼球がピクピク動いているので、Rapid Eye Movement（急速眼球運動）の頭文字（REM）から名前がつきました。脳は働いていますが、筋肉は完全に休んでいる睡眠です。レム睡眠のときに夢を見たり、オネショをします。睡眠中の脳波を取ると、レム睡眠は哺乳類と鳥にあります。ノンレム睡眠は脳が休んでいる睡眠です。この2つの睡眠は90〜120分周期におとずれています。体内時計は「目覚め」のリズムもつくります。

わん！ポイント
犬の体内時計
・・・・・・・・・・・・・・・・・・・・

　犬と生活していると驚かされることがたくさんあります。体内時計はその一つです。思いつくことは種々ありますが、最も記憶に残っているお話をします。

　私は、大学に勤めていた頃から愛犬と一緒にボランティア活動をしたいと思っておりました。定年退職後に飼ったビーグル犬（ウズ）が２歳の頃から老人ホームでボランティア活動をはじめました。おじいさんやおばあさんの膝の上にウズを乗せて楽しんでいただきました。ウズも結構楽しんでいたように思います（カバーの折り返し部分［ソデ］の写真）。お友達になった犬と会うことも楽しいようでした。毎月、第三と第四水曜日の１時に自宅を出発し、２時〜３時まで老人ホームでボランティア活動をしました。

　普段は無駄吠えしないウズが、毎月第三と第四水曜日の朝だけ「クーン、クーン」と鳴き続けるのです。ただ、耳が聞こえにくくなった12歳頃からは正確でなくなりました。

　人において、体温をはじめ多くの生理現象は約１日を周期として変化します。これを概日リズム（サーカディアンリズム）といいます。体温は、早朝に低く午後に上昇します。光が24時間周期で変動するのでこのリズムが生まれるのです。概日リズムは、睡眠、覚醒、心拍数、血圧やホルモン分泌にも関係しています。このリズムは、間脳の中の視交叉上核という小さな領域にある体内時計によって生じることは証明されています。女性の月経周期も人の季節変化（基礎代謝は冬に亢進し、夏に低下します）の長いリズムも同様な現象です。野生動物は、餌の多い季節、繁殖季節や毎日の数々の変化なども体内時計に頼っています。人に飼われるようになった家庭犬でも、体内時計は人が驚くほど正確です。ウズにみられる「第三と第四水曜日がわかる」ことは、人よりずっと体内時計が優れている証です。

犬も夢を見ているの?

　私の大学時代の親友が前作を読んで、「自分の飼っている犬が、いかにもお乳を吸っているように口を動かしながら眠ってたよ。眼球（がんきゅう）も動いているようにも見えたよ。きっとレム睡眠（すいみん）で夢を見ているんだよ。次の本には必ずこのことを書いてくれ」と進言してくれました。

　はい、生まれてから3週間、犬の眠りの大部分はレム睡眠です。眠りながら体を小刻みに動かしたり、体を震わせているのはこのためです。以降はレム睡眠の時間は短くなり、ノンレム睡眠（すいみん）の時間が現れます。

　人でも新生児では睡眠時間の50％はレム睡眠で、小児、青年、老人のレム睡眠は20％に少なくなります。

　あなたの愛犬がレム睡眠をしているのを見たことがありますか？私は何人かの人から親友と同じ経験をしたと聞いたことがあります。きっと、愛犬もあなたと楽しく遊んでいる夢を見ているのだと思います。

お腹が空いたり、いっぱいになるカラクリ

　「お腹が空く（す）というのは胃が空（から）になった」、「満腹（まんぷく）というのは胃がいっぱいになった」とあなたは考えていませんか？　じつは「摂食（空腹）（せっしょく　くうふく）中枢（ちゅうすう）」と「満腹中枢（まんぷくちゅうすう）」の働きによってお腹が空いたりいっぱいになったりします。お腹が空いたという摂食中枢とお腹がいっぱいになったという満腹中枢は、ともに視床下部（ししょうかぶ）にあります。2つの中枢は左右一つずつあります。顕微鏡でないと判断できない小さな領域です。これは猫で実験され、人や犬でも同じです。満腹中枢は「お腹がいっぱいになった、食べるのをやめよう」という命令を出します。このよう

図4の10　満腹中枢と摂食中枢
満腹中枢と摂食中枢はどこにあるでしょう？
(a) 満腹中枢が破壊されているので、食欲旺盛です。
(b) 摂食中枢が破壊されているので、食欲がありません。

に満腹というのは胃がいっぱいになると感じるわけではないのです。満腹中枢を破壊するといくらでも食べるようになります（図4の10a）。逆に視床下部の摂食中枢は、「お腹が空いた」という命令を出します。摂食中枢を破壊するとお腹が空かなくなり、食欲がなくなります（図4の10b）。

ケーキのための別腹って本当にあるの？

　女性はお腹がいっぱいになっても、「ケーキは別腹！」といって食べることができると聞きます。本当に別腹があるのでしょうか？　じつは満腹時にケーキを食べようと思うと❶摂食中枢が働き、❹胃の内容物が十二指腸に無理やり押し出されて、❺胃にケーキ分の隙間ができるのです。これが別腹です（図4の11）。❻私も摂食中枢も大満足！　❼「いただきま〜す！」

図4の11　別腹

ケーキは別腹といいますが……、どのようになっているのでしょう？
別腹とは胃そのものです。
❶摂食中枢が、❷胃に「別腹を用意して！」と命令します。
❸胃が了解します。
❹胃の内容物が十二指腸に行きます。実は、内容物は消化されていません。
❺胃に空間ができます。
❻摂食中枢も本人も大満足です。
❼いただきま〜す。

犬にも別腹はあるの?

　犬はもともと肉食動物であったので(肉は消化・吸収がよい)、消化管はあまり発達していません。しかし胃の容積は体に比べて大きく、0.5〜6L(犬の大きさによってちがいます)もあり、しかも消化器の60％は胃です。人が1.2〜1.5Lであることからも、犬の胃の大きさがわかると思います。

　狼は狩猟生活をしていたので、獲物を捕まえたときに食いだめをしていました。犬はその胃を引き継いでいるので、一度に多くの量を食べることができます。1週間くらいなら食いだめできます。健康な犬なら飼い主が与えた食べ物をいくらでも食べてしまいます。したがって、愛犬が肥満にならないように飼い主が食事調節をしてやらなければなりません。このように犬では満腹ということを知らず、かなりの量を食べることができるので、別腹は必要ありません。したがって、犬には別腹はありません。

　狼は獲物を食べきれなかったとき、穴を掘って埋めていました。ほかの動物が食べないように保存しているのです。犬を庭で飼っていると、余分な食べ物は穴に埋めています。

延髄ってなあに?

　延髄は頭蓋腔にあり、脊髄へと続きます。延髄には2つの役目があります。
❶大脳と体をつないでいる神経は延髄で左右が交叉しています。このため左脳と右脳で考えたことが体の反対側の骨格筋に伝わります。
❷生きるために大切な自律神経の中枢のうち、呼吸中枢、心臓中枢、嘔吐中枢があります。アントニオ猪木の延髄斬りを受けると、相手

のハルクホーガンが
呼吸できなくなるの
はこのためです（図4
の12）。

Wohhhh！
苦チ〜イ！

ダァ〜！

図4の12　アントニオ猪木の延髄斬り
首の後ろを蹴られて、ハルクホーガンは息ができな
くなっています。どうしてでしょう？

脊髄ってなあに？

　脊髄は延髄に続き、背骨（脊柱）の中にあります。蚊が手の皮膚の
血を吸っていて「かゆ〜い」と脳に伝え、脳からの命令（蚊をたたき
殺せ）を手に伝えます（図4の15a）。このように脊髄は脳と末梢神経を
連絡し、反射という大切な仕事もしています（p.113〜114「反射ってな
あに？」を見てくださいね）。

末梢神経ってなあに？

　脳や脊髄と器官を連絡する神経です。脳脊髄神経と自律神経にわか
れます。脳脊髄神経は自分の意思で「骨格筋」を動かしたり、「目」、
「鼻」、「耳」や「皮膚」で感じたことを大脳に伝えます。脳神経と脊髄
神経にわかれます。

　脳神経：脳に出入りする末梢神経です。12対あります。

　脊髄神経：脊髄に出入りしている末梢神経で、31対あります。

111

脳神経はどんな働きをするの?

　12対の脳神経のうち、嗅神経、視神経、目を動かす筋肉に分布する神経について説明します。

　臭いは鼻腔の嗅上皮に分布する嗅神経で集められ、嗅脳の中を通って嗅覚野に伝わり、「臭いを嗅ぎます」(図4の13)。犬の臭いを嗅ぎわける能力が人の5,000～1億倍である理由は、❶嗅上皮(嗅細胞の集まり)の面積が多い、❷嗅神経の数が多い、❸臭いに関する脳(嗅脳)が大きいことです(図4の13)。ほかの理由についてはSTEP1呼吸器p.23～25の「犬の鼻が抜群に臭いを感じるカラクリ」を見てください。

　目で感じたもの(図4の14の⇒)は視神経を通り、大脳の視覚野で見ています。

　目を動かす場合は、大脳の運動野から命令(図4の14の→)が出て目を動かす筋肉に伝わり、目玉を上下に動かしたり、くるくる回したりします。そのほかの脳神経についてはp.120～121の**わん！ポイント**を見てください。

脊髄神経はどんな働きをするの?

　❶蚊が手を刺すとかゆみ(本当は皮膚ではかゆみを感じません)が脊髄神経(知覚神経)を通り、❷脊髄から❸大脳の体知覚野に伝わり、かゆみを感じます。次に❹大脳の運動野から「蚊を殺しなさい」という命令が出て、❺脊髄を通って脊髄神経(運動神経)で❻筋肉に伝わり、右手で蚊を殺します(図4の15a)。

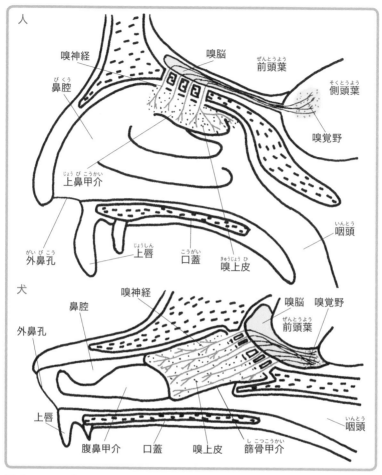

図4の13　臭いを感じるカラクリ
臭いが嗅神経を通り、嗅脳から嗅覚野に伝わって嗅ぎます。犬は人よりも抜群に臭いを嗅ぐ能力が優れています。

反射ってなあに?

　突然危険なことが起こったとき、大脳に連絡したり大脳から命令を受けないで、脊髄で判断する場合があります。これを反射といい

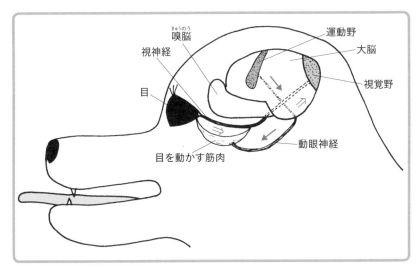

図4の14　脳神経
目で感じたものは視神経を通り、大脳の「見る場所（視覚野）」で見ます。大脳の「体を動かす場所（運動野）」からの「目玉を動かして」という命令は動眼神経を通り、目玉を動かす筋肉に届きます。

ます。熱いやかんに手が触れたとき、あなた自身（大脳）が「熱いから手を離そう」と考える前に、手を引っ込めます。①熱いやかんに触れると、②脊髄神経（知覚神経）から刺激が脊髄へと伝わり、③脊髄内で「やかんから手を離せ！」という命令が出て脊髄神経（運動神経）に伝わり、④手の筋肉が手をやかんから離します。⑤この後、「熱い」という刺激が大脳の体知覚野に伝わり、熱いと感じるのです（図4の15b）。

　次の2項目は反射の例です。ここを読むとよくわかりますよ。

●どうしてウンチをしたくなるの？（前作のSTEP11消化器p.123～124を見てください）

●どうしてオシッコをしたくなるの？（STEP3泌尿器のp.85～87を見てください）

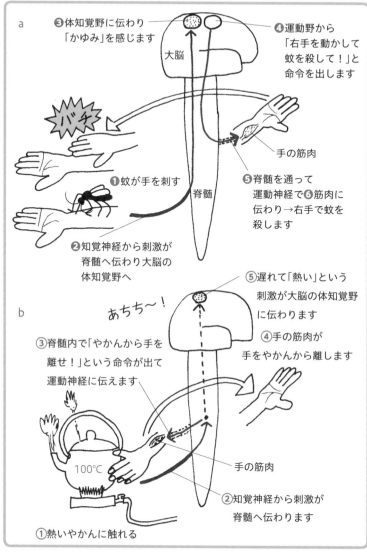

図4の15　脊髄神経の働き

(a) ❶蚊が刺す→知覚神経で❷脊髄へ→❸大脳の体知覚野へ（かゆ〜いと感じる）→❹運動野（蚊を殺してと命令する）→❺脊髄へ→運動神経→❻手の筋肉を動かす→蚊を殺す

(b) ①熱いやかんに触れる→②熱いという刺激は知覚神経によって脊髄へ（手を離して）→③運動神経→④手を離す→⑤遅れて体知覚野（熱い）

条件反射ってなあに?

梅干しを見たとき唾液が出ます。これは、以前に梅干しはすっぱいということを学習しているので、梅干しを見るだけで(大脳で考えることなしに)唾液が出て来るのです(図4の16)。これを、条件反射といいます。

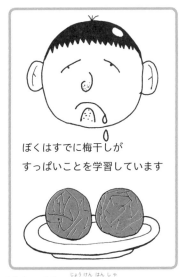

ぼくはすでに梅干しが
すっぱいことを学習しています

図4の16　条件反射
梅干しを見ると唾液が出ます。

犬でも反射はあるの?

もちろんあります。反射は犬のほうが優れています。条件反射についてはパブロフ先生(ノーベル賞を受賞しています)が行った有名な実験があります。先生は犬に食事を与えるとき、いつもベルを鳴らしました。このように訓練すると、ベルを聞いただけで犬はよだれを流します。これが、条件反射のモデルとなっています。

ピアノが下手な人と上手な人

体の筋肉を動かす方法は2つあります(図4の17)。

❶ピアノが下手な頃は、まず大脳で「親指で『ドのけん盤』をおそう(意識的)」と思ってから運動野が親指の筋肉を動かすように命令します。

❷ピアノが上手になると、大脳で考えない(無意識)で親指を動かします。

ふつうは2つの方法が助け合って筋肉を動かしています。野球や

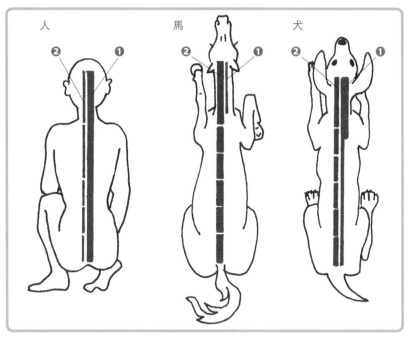

図4の17　人、馬、犬の体の筋肉を動かす2つの方法
❶は意識的に体を動かす方法、❷は無意識に体を動かす方法です。人は❶の方法が得意で、犬は❷の方法が得意です。線が太くなっているほうが、より大切です（Dyce, Sack and Wensing 1996. 図は一部変更してあります）。

サッカーの選手が繰り返し同じ練習をしているのは、試合で❷の方法を使うためです。

　鳥以下の下等な動物では❷の方法だけを用いて無意識な運動をしています。トカゲが、あそこにいる「恋トカゲ（人では恋人といいます）」のところへ行こうと思ったとき、「前足を出そう、後ろ足を出そう」と考えないで、❷の方法によって無意識にバランスよく四足歩行します。哺乳類になり、はじめて❶の意識的に筋肉を動かす方法が生まれました。人では❶の方法がほかの動物に比べて段ちがいに発達しましたが、❷の方法は不得意です。逆に犬では❷の方法が得意で、❶の

117

STEP
4
神経

方法は少し不得意です。馬は❷の方法を使っていますが、顔や前足を動かすときは❶の方法を少し使います（図4の17）。

　プロの一流選手のプレーを動物的というのは❷の方法が優れているからです。学術的には❶の意識的に体を動かす方法を錐体路、❷の無意識に体を動かす方法を錐体外路といいます。

　人では錐体路の70〜90％は、延髄で左右が交叉しています。犬では約100％が交叉しています。よって雄犬が右足をあげてオシッコをしているときは、左の脳で右足をあげています。

自律神経ってなあに?

　自律神経は、自分は知らない内に消化、呼吸、循環などを調節する神経です。自律神経は交感神経と副交感神経にわかれ、ふつうは1つの器官に2つの神経が分布して、反対の働きをしています。交感神経の働きは体の器官を敵と戦える状態にします（少し強引かもしれませんが、わかりやすいと思います）（図4の18）。瞳（瞳孔）を大きくして敵をよく見えるようにし、心拍動を速くし、皮膚や内臓などの末梢血管を縮めて出血を防ぎ、副腎髄質からアドレナリンの分泌を増やして血糖値をあげ、筋肉の活動を高めます。気管支を広げて肺に空気がたくさん入るようにし、消化管の働きを少なくします。立毛筋を縮めます（猫では怒ると頸と背部の毛が立ちます）。副交感神経は体を休ませ、体力をつけるように働きます（図4の18）。瞳孔を小さくして入って来る光を少なくし、心拍動を遅くし、消化管の働きを多くします。膀胱や直腸にオシッコやウンチを出させます。

　感情や環境の変化でも、交感神経と副交感神経は反応します。彼女の前に立つと心臓の拍動が速まるのは交感神経が働いたためです。びっくりしたときに心臓がとまるようになるのは副交感神経が働いています。

STEP
4

神
経

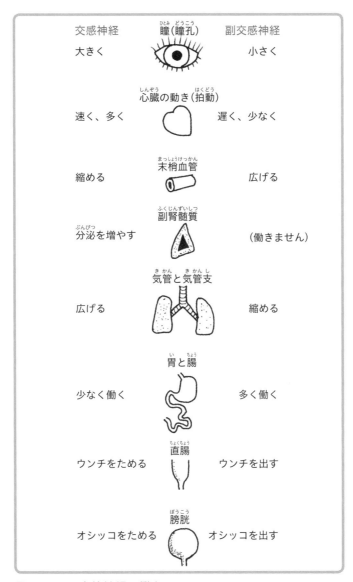

交感神経 　　　瞳（瞳孔） 　　副交感神経

大きく 　　　　　　　　　　　　小さく

心臓の動き（拍動）

速く、多く 　　　　　　　　　遅く、少なく

末梢血管

縮める 　　　　　　　　　　　広げる

副腎髄質

分泌を増やす 　　　　　　　（働きません）

気管と気管支

広げる 　　　　　　　　　　　縮める

胃と腸

少なく働く 　　　　　　　　　多く働く

直腸

ウンチをためる 　　　　　　ウンチを出す

膀胱

オシッコをためる 　　　　　オシッコを出す

図4の18　自律神経の働き
自律神経は自分が命令しても動きません。交感神経と副交感神経は同じ器官に分布して、反対の働きをしています（例外もあります）。日中には交感神経と副交感神経が働き、体の状態を調節しています。夜眠っているときは交感神経は休んでいますが、副交感神経は働いています。

　先日、家の近くに雷が落ち、物凄い光と音がしました（ピカー、ゴロゴロガシャー）。家の中にいた私はびっくりしました。近所の犬たちはいっせいに鳴き出しました。庭で飼_かっているウズを見に行くと、犬小屋の中で犬座姿勢_{けんざしせい}、右前足をあげ、私を見ながら震えていました（人でいうと顔面蒼白_{がんめんそうはく}といった感じです）。おそらく副交感神経が働き、心臓がとまるほどびっくりして、体温もさがったと思われます。筋肉_{きんにく}が自然に震えて、体温を上げようとしているのです（男性が寒いところでオシッコをした後にブルブルっと震えるのは、オシッコによって奪われた体温を取り戻すためです）。

寝る前に食べると肥満になる?

　昼間、交感神経は多くの器官_{きかん}の働きを高めますが、消化器_{しょうかき}の働きはおさえています（図4の18）。
　夜寝ているときには副交感神経_{ふくこうかんしんけい}が働き、心臓や多くの器官は休みますが消化器は働いて、小腸_{しょうちょう}から栄養を吸収します。そのため、寝る前にたくさん食べてしまうと、栄養を取り過ぎて肥満_{ひまん}になりますので、注意しましょう。

わん! ポイント

脳神経とおもな働き

　12対の脳神経_{のうしんけい}は脳_{のう}の底から出ています（脳の図は下から見ています）。矢印は刺激の伝わる方向です。※舌神経_{ぜつしんけい}は三叉神経_{さんさしんけい}の枝_{えだ}で、顔面神経_{がんめんしんけい}の味覚_{みかく}を伝える枝（鼓索神経_{こさくしんけい}）と唾液_{だえき}の分泌_{ぶんぴつ}を調節する枝（副交感神経_{ふくこうかんしんけい}）が合流しています。

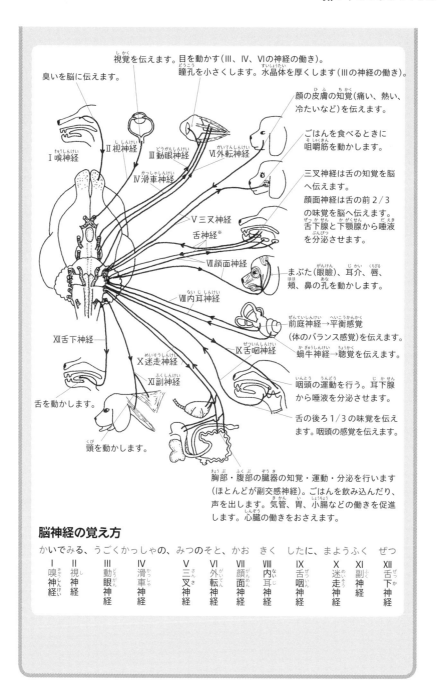

視覚を伝えます。目を動かす（Ⅲ、Ⅳ、Ⅵの神経の働き）。

瞳孔を小さくします。水晶体を厚くします（Ⅲの神経の働き）。

臭いを脳に伝えます。

顔の皮膚の知覚（痛い、熱い、冷たいなど）を伝えます。

ごはんを食べるときに咀嚼筋を動かします。

三叉神経は舌の知覚を脳へ伝えます。
顔面神経は舌の前2/3の味覚を脳へ伝えます。
舌下腺と下顎腺から唾液を分泌させます。

まぶた（眼瞼）、耳介、唇、頬、鼻の孔を動かします。

前庭神経→平衡感覚（体のバランス感覚）を伝えます。
蝸牛神経→聴覚を伝えます。

咽頭の運動を行う。耳下腺から唾液を分泌させます。

舌の後ろ1/3の味覚を伝えます。咽頭の感覚を伝えます。

Ⅰ嗅神経
Ⅱ視神経
Ⅲ動眼神経
Ⅳ滑車神経
Ⅴ三叉神経
舌神経※
Ⅵ外転神経
Ⅶ顔面神経
Ⅷ内耳神経
Ⅸ舌咽神経
Ⅹ迷走神経
Ⅺ副神経
Ⅻ舌下神経

舌を動かします。

頸を動かします。

胸部・腹部の臓器の知覚・運動・分泌を行います（ほとんどが副交感神経）。ごはんを飲み込んだり、声を出します。気管、胃、小腸などの働きを促進します。心臓の働きをおさえます。

STEP 4 神経

脳神経の覚え方

かいでみる、うごくかっしゃの、みつのそと、かお　きく　したに、まようふく　ぜつ

Ⅰ	Ⅱ	Ⅲ	Ⅳ	Ⅴ	Ⅵ	Ⅶ	Ⅷ	Ⅸ	Ⅹ	Ⅺ	Ⅻ
嗅神経	視神経	動眼神経	滑車神経	三叉神経	外転神経	顔面神経	内耳神経	舌咽神経	迷走神経	副神経	舌下神経

内分泌

とっても大切なホルモンの秘密

腺ってなあに?

点と点を結ぶと線になります(新幹線、光線、視線、電線など)けど、腺はちがいます。「腺」という字の左側にある月は「肉月」といい、人や動物の体を表す漢字に使います(右側の字を発音します)。

体に必要なもの(唾液、ホルモン、胃液)や不必要なもの(汗、尿)をつくる細胞の集まりを腺といいます。腺は外分泌腺と内分泌腺にわかれます。

外分泌腺ってなあに?

外分泌腺は、つくったもの(分泌物)を管(導管)を使って必要とする場所に送ります(図5の1a)。唾液腺は、つくった唾液を導管によって口腔に送ります(図5の1a)。汗腺(エックリン汗腺)は、人の皮膚にたくさんあります(前作p.91～92を見てください)。人は体温があがると、たくさん汗を出して体温をさげています。犬の汗腺は肉球にだけあります。犬の汗は歩くときの滑りどめとして働いています。

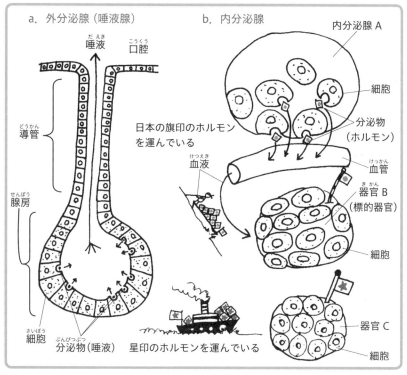

図5の1　外分泌腺と内分泌腺
外分泌腺と内分泌腺のちがいは何でしょう？　ホルモン、標的器官とは何でしょう？

STEP
5
内分泌

内分泌腺ってなあに?

　内分泌腺には導管がありません。分泌物は血液によって必要とする器官に運ばれます。内分泌腺の分泌物をホルモンといいます。あるホルモンを必要とする器官は決まっていますので、その器官を標的器官といいます（図5の1b）。内分泌腺Aでつくられた日本の旗印のホルモンは、そのホルモンを必要とする日本の国旗をかかげた器官B（標的器官）に運ばれます。器官Cには別の内分泌腺で分泌された星印のホルモンが運ばれます。

内分泌腺ってどこにあるの?

内分泌腺には下垂体、松果体、甲状腺、上皮小体、副腎、膵臓、性腺（精巣、卵巣）があります（図5の2、3）。体に散らばっています。

内分泌腺の働き

下垂体はオーケストラの指揮者に似ています。多くの内分泌腺を指揮（命令）しています。その下垂体は、間脳にある視床下部の命令を受けています（図5の4）。

視床下部は、内分泌に関して2つの働き（❶ホルモンをつくる→下垂体前葉に命令します、❷ホルモンをつくる→必要となるまで下垂体後葉に貯える）を持っています。

視床下部は下垂体前葉の5つの働きに命令を出します。
①下垂体に成長ホルモンを分泌するように命じます→成長ホルモンは、子どもや子犬の体を成長させます。

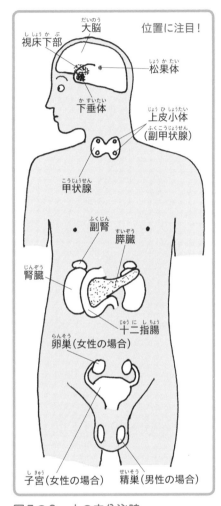

図5の2　人の内分泌腺

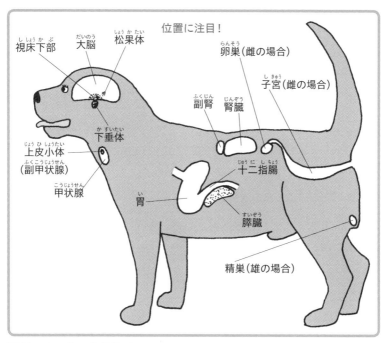

位置に注目！

視床下部（ししょうかぶ）
大脳（だいのう）
松果体（しょうかたい）
卵巣（雌の場合）（らんそう）
子宮（雌の場合）（しきゅう）
副腎（ふくじん）
腎臓（じんぞう）
下垂体（かすいたい）
上皮小体（じょうひしょうたい）
（副甲状腺）（ふくこうじょうせん）
甲状腺（こうじょうせん）
胃（い）
十二指腸（じゅうにしちょう）
膵臓（すいぞう）
精巣（雄の場合）

図5の3　犬の内分泌腺

②下垂体に性腺刺激（せいせんしげき）ホルモンを分泌するように命じます→性腺刺激ホルモンは性腺（精巣か卵巣（せいそう らんそう））に働いて、精巣からは男性ホルモン、卵巣からは女性ホルモンを分泌（ぶんぴつ）させます。

③下垂体に甲状腺刺激（こうじょうせんしげき）ホルモンを分泌するように命じます→甲状腺刺激ホルモンは甲状腺に働いて、ほとんどすべての器官（きかん）の働きを高めるホルモン（サイロキシン）を分泌させます。

④下垂体に副腎皮質刺激（ふくじんひしつしげき）ホルモンを分泌するように命じます→副腎皮質刺激ホルモンは副腎皮質に働いて、ストレスをなくします。

⑤下垂体に乳腺刺激（にゅうせんしげき）ホルモン（プロラクチン）を分泌するように命じます→プロラクチンは乳を与えているお母さんや母犬の乳腺（にゅうせん）を増やします。

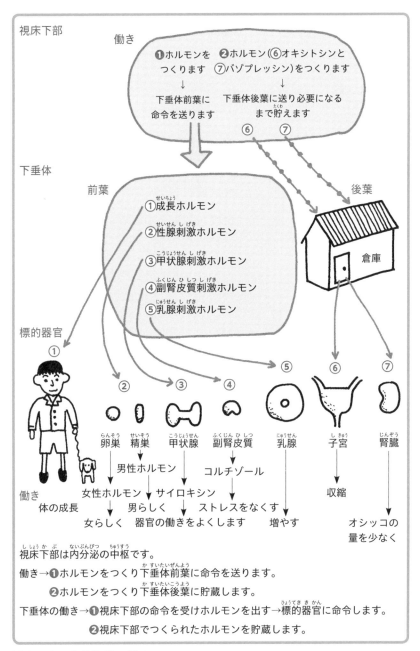

視床下部

働き

❶ホルモンを　　❷ホルモン(⑥オキシトシンと
つくります　　　⑦バゾプレッシン)をつくります
　　↓　　　　　　　　　↓
下垂体前葉に　　下垂体後葉に送り必要になる
命令を送ります　　まで貯えます

下垂体

前葉　　　　　　　　　　　　　　　　　　後葉

①成長ホルモン

②性腺刺激ホルモン

③甲状腺刺激ホルモン

④副腎皮質刺激ホルモン

⑤乳腺刺激ホルモン

倉庫

標的器官

①　②　③　④　⑤　⑥　⑦

卵巣　精巣　甲状腺　副腎皮質　乳腺　子宮　腎臓

男性ホルモン

コルチゾール

働き　　女性ホルモン↓ サイロキシン　　　　　　　収縮
体の成長　　↓　　男らしく　↓ストレスをなくす↓　　　　オシッコの
　　　　　　女らしく　器官の働きをよくします 増やす　　量を少なく

視床下部は内分泌の中枢です。

働き→❶ホルモンをつくり下垂体前葉に命令を送ります。

　　　❷ホルモンをつくり下垂体後葉に貯蔵します。

下垂体の働き→❶視床下部の命令を受けホルモンを出す→標的器官に命令します。

　　　　　　　❷視床下部でつくられたホルモンを貯蔵します。

図5の4　内分泌腺の働き

視床下部でオキシトシンと抗利尿ホルモン（バゾプレッシン）とい
うホルモンをつくり、必要とするまで下垂体後葉に貯えます。いつで
も活動できるようにしています。

⑥オキシトシンは分娩のときに子宮を収縮させて赤ちゃんを産みや
　すくします。お乳をたくさん出るようにします。

⑦抗利尿ホルモンは腎臓に働いて、オシッコの量を少なくします。

「寝る子は育つ」って本当?

　子どもから大人までの間、視床下部は下垂体に働いて成長ホルモ
ンをたくさんつくり、分泌するように命令します。それで子どもは体
が成長して大人になります。人でも犬でも同じことが起こっています
（図5の4の①）。

　成長ホルモンは子どものときのノンレム睡眠時にたくさん分泌さ
れ、体が成長します。そのため「寝る子は育つ」といいます（ノンレ
ム睡眠についてはSTEP4神経p.105を見てください）。

性ホルモン（男性ホルモンと女性ホルモン）ってなあに?

　精巣から出るホルモンを男性ホルモン（テストステロン）、卵巣か
ら出るホルモンを女性ホルモンといいます（図5の4の②）。それぞれの
ホルモンは思春期以降に増えて、人も犬も男性は男らしく、女性は女
らしい体にします。女性ホルモンはエストロゲンとプロゲステロンか
らなります。

環境ホルモン（内分泌かく乱物質）ってなあに?

　環境ホルモン（内分泌かく乱物質）は人がつくった化学物質の中でエストロゲンと同じ働きをする物質です。環境ホルモンは食べ物や飲料水から妊娠中の人や動物の体に入り、胎子にわるい影響を与え、大人になってから精子をふつうにつくることができなくなるのではと心配されています。

　私たちも堺市を流れる川に生息する鯉で、環境ホルモンが精巣に及ぼす影響について研究しました。魚は人よりエストロゲンに反応します。メダカをエストロゲンの入った水で飼うと雌化します。魚での結果が人に結びつくとは限りませんが、その可能性はあります。私たちの研究の結果を受けて、堺市は泌尿処理場を改善してくれました。

ストレスを癒してくれるホルモン?

　人でも犬でもストレスがかかると、下垂体の副腎皮質刺激ホルモンが副腎に働き、副腎皮質からコルチゾールというホルモンが出ます（図5の4の④）。コルチゾールはストレスを癒してくれます。

　人や動物の下垂体や副腎はストレスにすぐ反応して、ストレスが体にたまらないようにします。

よく聞く糖尿病ってどんな病気?

　膵臓は消化液（膵液）を十二指腸に出して、小腸での消化・吸収を助ける外分泌腺です。

　膵臓にはランゲルハンス島という内分泌組織もあります。ランゲルハンス島からインスリンというホルモンが出て、血液中の糖の量を調

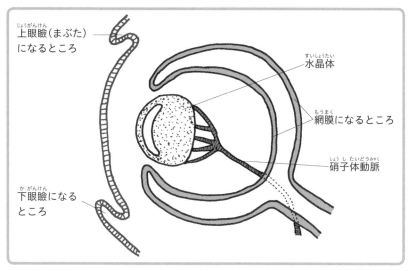

図5の5　人胎子の目の発生（胎生7週）

STEP

5

内分泌

節しています。糖尿病とはランゲルハンス島でインスリンがつくられなくなると、オシッコや血液中の糖分が増える病気です。長く続くと、全身の血管が脆くなったり、網膜症や白内障になります。

白内障ってなあに?

白内障とは水晶体が白く濁り、ものが見えなくなる病気です（前作p.80）。

胎子は水晶体に栄養や酸素を運ぶため、血管が分布しています（図5の5）。生まれるときには血管がなくなっています（前作p.73、図6の1）。見るための水晶体としては血管がないほうがよいですが、酸素や栄養は外から染み込むだけになっています。そのため、人でも犬でも年を取ると老廃物や有害物がたまり、白内障になります。糖尿病でも同

じ理由で白内障が起こります。

　赤ん坊や子どもの目が美しいのは、老廃物や有害物がまだ溜まっていないのです。胎子期の状態に近いのです。

ぼくらはちょっと変わり者ですが、大切な内分泌細胞です

　ホルモンをつくる細胞の集まりが内分泌腺であると説明しました。胃と腸の内分泌細胞は、集まらないで腸管の壁のなかに一つひとつ散らばっています。合計するとかなり大きな器官になります。これらの細胞が分泌するホルモンを消化管ホルモンといいます。消化管ホルモンは消化液の分泌や消化管の運動を調節しています。消化管ホルモンは、ガストリンやセクレチンを含めて約20種類もあります。

STEP 6 細胞

男の子と女の子の細胞のちがい

◆ 豆 知 識 ◆

細胞

　細胞は体の最小単位です。人の体は60〜80兆の細胞からできています。この本では説明上、サイコロのような立方体の細胞を「細胞の基本形」とします（図6の1a、b）。光学顕微鏡で見ると、どの細胞も細胞膜で囲まれ、核と細胞質でできています。

　核は遺伝子であるDNAを持っています。細胞質は唾液腺なら唾液をつくる場所です。細胞はそれぞれの器官の働きに応じて形も大きさもちがいます（図6の1）。

　電子顕微鏡で見ると、細胞内にいろいろな働きをする細胞内小器官がみられます。細胞内小器官についてはp.139〜141の**わん！ポイント**で説明します。

細胞はどうやって増えるの？

　細胞が、だ液、ホルモン、涙、汗や尿をつくったりして仕事をしているときは、細胞には細胞質と核がみられます（図6の2a）。このように細胞の部品がそろっているとき、細胞は仕事ができます。細胞が分裂して増えるときには、核は染色体に変身します。

131

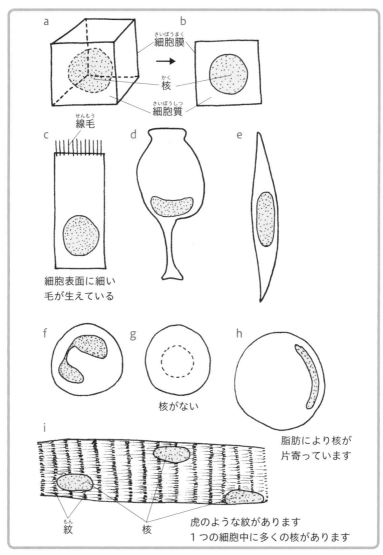

図6の1 体の器官をつくるいろいろな細胞

形のちがいに注目しましょう！ どの細胞も同じ精子と卵子から分化しました。

(a) 細胞の基本形（サイコロ状）。(b) aの断面（正方形）。(c) 鼻腔の上皮細胞（長方形）。
(d) 腸の上皮細胞で粘液を出す杯細胞（粘液の量によって杯状、徳利状、ワイン
グラス状になります）。(e) 平滑筋細胞（紡錘形）。(f) 白血球。(g) 赤血球（円形）。
(h) 脂肪細胞。(i) 骨格筋細胞（長い）。

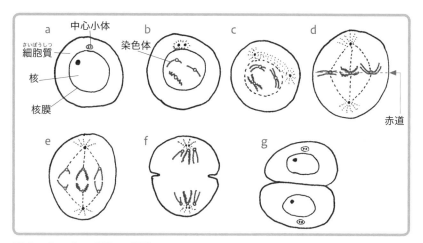

図6の2　人の細胞の分裂

(a) 活動中の細胞。

(b) 核が変身して染色体が現れます。図では染色体を3個しか書いていませんが、実際は人の場合、46個みられます（DNA量は2n）。中心小体は2つにわかれます。

(c) 染色体は二重になります（DNA量は2倍の4n）。核膜は消えます。

(d) 二重になった染色体は赤道に並びます。

(e) 各染色体は2個の染色体にわかれ、細胞の反対側に引き寄せられます。

(f) 細胞は2つにわかれます。

(g) 核膜が現れ、aと同じ細胞が2つになります。細胞の染色体数は46個です（DNA量は2n）。

　人では、染色体が46個みられるようになります（図6の2b）。また中心小体が2つにわかれます（図6の2b）。分裂前に染色体は二重になり、細胞膜は消えます（図6の2c）。次に、染色体は細胞の中央（赤道といいます）に集まります（図6の2d）。46個ずつの染色体が中心小体によって細胞の両端に引き寄せられ（図6の2e、f）、細胞が中央で割れて（図6の2f）、同じ細胞が2つできます（図6の2g）。新しい2つの細胞は染色体を46個ずつ持ち、もとの細胞（図6の2a）と同じ細胞です。

　このように細胞は分裂して増えます。古い細胞は死に、新しい細胞に置き替わります。人でも犬でも年を取ると細胞の更新が遅くなり、

「働きのわるい」古い細胞が長く働くことになります。犬の細胞の染色体は78個です。

染色体の不・思・議＝どうして性腺が必要か?

人と犬の男の子と女の子の体の細胞にちがいがあるの?

　人の体をつくるすべての細胞の染色体の数は46個（男性：44＋XY、女性：44＋XX）、犬の体の染色体数は78個（雄：76＋XY、雌：76＋XX）です（図6の3）。それぞれの染色体の上にいろいろな遺伝子が並んでいます。染色体の内、XとYを性染色体といい、男女や雌雄でちがいがあります。男性あるいは雄の体の細胞はXとY染色体を持

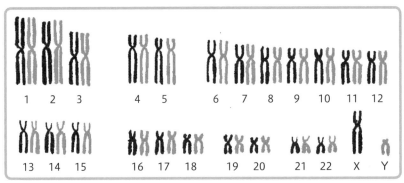

図6の3　人（男性）の染色体

体のすべての細胞の核には46個（23対）の染色体があります。それぞれの対の染色体の1つは父親由来（赤）で、1つは母親由来です（実際はY染色体以外は父親由来か母親由来か判別できません）。細胞を培養※して細胞分裂中の細胞（図6の2d）から染色体を取り出し、大きい順に23対並べました。この内22対を常染色体、残りの2個を性染色体といいます。性染色体は男性では大きいX染色体と小さなY染色体からなります。女性では2個ともX染色体です。男性の体の細胞の染色体を44＋XY、女性では44＋XXと表します。雄犬の体の細胞の染色体は76＋XY、雌犬では76＋XXと表します。※培養とは細胞や組織を体に近い条件で生かすことです。

ちます。女性あるいは雌の体の細胞は２個のＸ染色体を持ちます。ここがちがいます。

性染色体以外の染色体（常染色体といいます）は男女や雌雄でちがいはありません。

精子と卵子にはどんなちがいがあるの？

精子は精巣で、卵子は卵巣でつくられます。精子や卵子になる未熟な細胞（精祖細胞、卵祖細胞）は２回の細胞分裂を繰り返して精子と卵子になります（図6の4）。精子はたくさんあるほうがよいので、1個の未熟な細胞から4個の精子が生まれます。優れた卵子をつくるために、1個の未熟な細胞からは1個の卵子が生まれます（図6の4）。未熟な細胞（精祖細胞、卵祖細胞）が2回の細胞分裂を行わなければならない理由は次の通りです。

精子と卵子が受精すると、体のいろいろな細胞になります（図6の5）。そのために精子と卵子の染色体と遺伝子（DNA）は、体の細胞の半数ずつである必要があるので、精祖細胞、卵祖細胞は2回の細胞分裂を行います。

（1）染色体が半数になるカラクリ

1つの一次精（卵）母細胞（犬の染色体数は78個）が細胞分裂して2つの二次精（卵）母細胞になるとき、染色体は半数（39個）になります。この染色体の数は精子（38＋Ｘか38＋Ｙ）や卵子（38＋Ｘ）に引き継がれます（図6の4）。

（2）DNAが半量になるカラクリ

細胞分裂が行われる前に、精（卵）祖細胞のDNA量は2倍（4n DNA）の一次精（卵）母細胞になります。1回目の分裂で生まれた細胞（二次精［卵］母細胞）のDNA量は体の細胞と同じ（2n DNA）になります。2回目の細胞分裂で生まれた細胞（精子細胞、卵子）のDNA

STEP
6

細胞

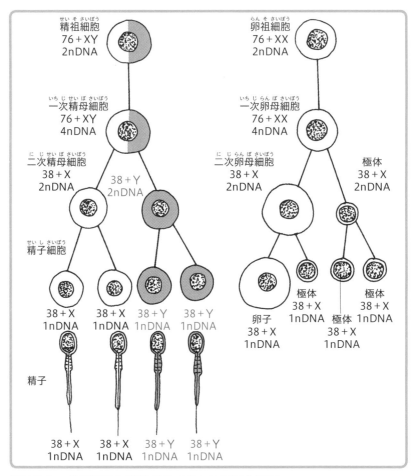

精祖細胞
76 + XY
2nDNA

卵祖細胞
76 + XX
2nDNA

一次精母細胞
76 + XY
4nDNA

一次卵母細胞
76 + XX
4nDNA

二次精母細胞
38 + X
2nDNA

38 + Y
2nDNA

二次卵母細胞
38 + X
2nDNA

極体
38 + X
2nDNA

精子細胞

38 + X
1nDNA

38 + X
1nDNA

38 + Y
1nDNA

38 + Y
1nDNA

卵子
38 + X
1nDNA

極体
38 + X
1nDNA

極体
38 + X
1nDNA

極体
38 + X
1nDNA

精子

38 + X
1nDNA

38 + X
1nDNA

38 + Y
1nDNA

38 + Y
1nDNA

図6の4　犬の精巣と卵巣でつくられる精子と卵子
未熟な雄の生殖細胞（精祖細胞）から4個の精子ができます。未熟な雌の生殖細胞（卵祖細胞）から1個の卵子が生まれます。極体は細胞質がほとんどなく、間もなく消えます。精祖細胞と卵祖細胞は体の細胞と同じ数の染色体とDNA量を持っています。精子と卵子の染色体とDNA量は体の細胞の半数です。どうして半数になるのでしょう？

量は体の細胞の半量（1n DNA）になります（図6の4）。精子細胞の
DNA量は精子に引き継がれます。

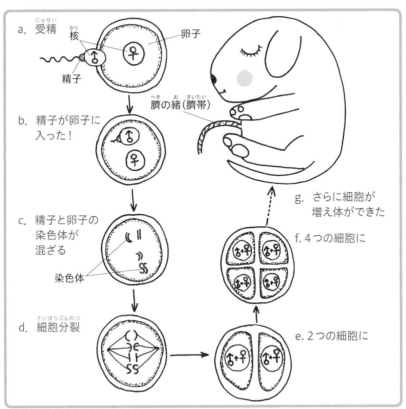

a. 受精
核
卵子
精子

臍の緒（臍帯）

b. 精子が卵子に
入った！

c. 精子と卵子の
染色体が
混ざる

染色体

d. 細胞分裂

e. 2つの細胞に

f. 4つの細胞に

g. さらに細胞が
増え体ができた

図6の5　精子と卵子が受精して犬の体になるまで
精子と卵子の染色体の数とDNAは体の細胞の半分で（a〜b）、→cで精子と卵子の
染色体は混ざって2倍（体の細胞の染色体の数とDNA量は同じ）になります→細胞
は2〜4個とどんどん増えます（e、f）→細胞はさらに増えて犬の体になります（g）。

　このように、精子と卵子の染色体とDNAは体の細胞の半数になり
ます。精子と卵子が受精すると、染色体とDNAは体の細胞と同じに
なります。また、お父さんとお母さんの遺伝子を半分ずつ引き継ぎ
ます。精子と卵子が生まれるときに染色体とDNA量が半数になる細
胞分裂を減数分裂（1回目の分裂を一次減数分裂、2回目の分裂を二次
減数分裂）といいます。

　卵子は、二次卵母細胞で卵巣から排卵されます。受精されないとそのまま死にます。受精されると、卵子と極体に分かれます。

　そもそも卵子とは、二次卵母細胞が受精して二次減数分裂を終わった細胞を意味します。しかし、排卵された二次卵母細胞を卵子と呼ぶこともあります。

精子と卵子が受精すると、どうなるの？

　精子と卵子が受精すると（図6の5a～d）、精子と卵子の染色体が混ざって体の細胞の染色体と同じ数になります。しかも、お父さんとお母さんの遺伝子（DNA）を半分ずつ引き継いでいます。受精した細胞は2つ（図6の5e）、4つ（図6の5f）とだんだん増えていき、体のいろいろな器官の細胞になります（図6の5g）。

男の子と女の子にするのは精子？　卵子？

　雌の成犬の卵巣で生まれた卵子の染色体は、38＋Xです。雄成犬の精巣で生まれた精子は、38＋Xか38＋Yどちらかの染色体です。38＋Xの精子が受精すると、精子（38＋X）＋卵子（38＋X）から76＋XXの染色体を持つ雌が生まれます（図6の6a）。38＋Yの精子が受精すると、精子（38＋Y）＋卵子（38＋X）から76＋XYの染色体を持つ雄が生まれます（図6の6b）。このように、性を決定するのは精子です。

　理論的にはX染色体とY染色体を持つ精子は同じ数ですので、雄と雌は同じ数生まれます。

　X染色体とY染色体を持つ精子を選ぶと、理論的には男女あるいは雌雄を産みわけることができます。しかし、絶対にしてはいけないことです。

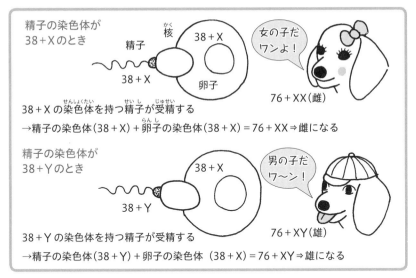

図6の6　赤ちゃんの性を決める染色体

性腺の役割

　体をつくっている体細胞の染色体の数とDNAの量を半分にすることです。これらが半分になった精子と卵子が受精すると人や犬の体細胞が生まれます。すなわち、種の保存のために必要なのです。引き続き、発生学を見てくださいね。

わん！ポイント
たんぱく質をつくる工場「細胞」

　たんぱく質はもっとも大切な栄養素で、細胞自身、分泌物、酵素などを作ります。たんぱく質は100個以上のアミノ酸からなる大分子ですので、アミノ酸に分解された後、小腸で吸収されます。

　このアミノ酸を使っ
て、細胞ではたんぱく
質をつくります。たん
ぱく質をつくって分泌
するために、細胞中に
は多くの細胞内小器官
（光学顕微鏡では見え
ませんが、電子顕微鏡
では見えます）があり
ます（図1）。

　多くのアミノ酸で作
られたたんぱく質①→
②→③→④→⑤の順に
色々な細胞小器官の中

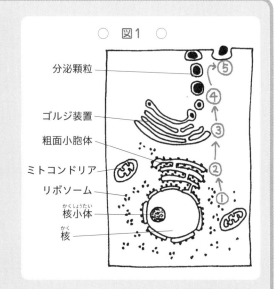

○ 図1 ○

分泌顆粒

ゴルジ装置

粗面小胞体

ミトコンドリア

リボソーム

核小体

核

で、その細胞特有のたんぱく質（例えば唾液）となり、細胞外に分泌されます。

①リボソームでアミノ酸からたんぱく質がつくられます。

②粗面小胞体ではリボソームがついているので、たんぱく質をつくります。

③ゴルジ装置ではたんぱく質を加工、修飾して分泌物（分泌顆粒）をつくり
　ます。

④分泌顆粒はゴルジ装置からちぎれて、細胞の周辺に行きます。

⑤細胞膜と顆粒膜に穴が開いて、分泌物は細胞外に出て行きます。

　ミトコンドリアは、細胞工場が働くためのエネルギーをつくります（図1）。

　アミノ酸は22種類あり、並び方でもたんぱく質の働きや性質がちがいま
す。DNAは核内にある遺伝子の本体です。DNAに含まれるアミノ酸の情
報にしたがって、たんぱく質がつくられます。細胞特有のたんぱく質がで
きるのです。

たんぱく質がつくられる方法

❶DNAを鋳型にしてRNAがつくられます（図2）。

❷働きのちがう3種のRNA（伝令［メッセンジャー］RNA、運搬RNA、リボソー

ム RNA［リボソーム］）が核から細胞質に出ます（図2）。

❸リボソームはたんぱく質合成の場で、伝令RNAと結びつきます（図3）。

❹運搬RNAはリボソームにアミノ酸を運搬します。リボソームは、伝令RNAの情報通りに運搬RNAを伝令RNAに結合させます。このようにして、伝令RNAの情報通りにアミノ酸がたくさんつながると、細胞特有のたんぱく質ができます（図3）。

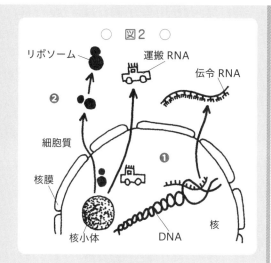

○ 図2 ○

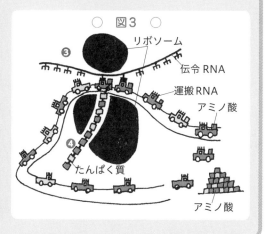

○ 図3 ○

STEP
6
細胞

発生

発生は神秘的

◆ 豆 知 識 ◆

人や犬の種を保存するための工夫は？

　発生学の項目を加えるにあたって本質問を提案したく思いました。各動物がその動物であり続けるには、子どもの体の細胞の染色体数（人：46個、犬：78個）が親と同じであることが必要です。なぜなら、遺伝子情報は染色体にあるからです。

そのための工夫とは？

- 性腺（精巣と卵巣）で減数分裂により染色体が親の半数の精子と卵子をつくること

- 精子と卵子が受精すると、染色体の数は親のものと同じ細胞（受精卵）になること

- 受精卵は有糸分裂によって増殖・分化して胚子を経て胎子となり、親と同じ体になること。しかも、父親と母親の遺伝子が半数ずつ混じっていること

　これが答えですが、発生の項を読み終わってからもう一度考えてください。減数分裂と有糸分裂については、STEP6細胞の項をご覧ください。

発生中の「胚子」の名前は？

　次のように呼ばれています。本により少しちがいますが、気にしないでください。確定されていないのです。読み進むにしたがって順に見てくださいね。

卵子：受精可能な卵細胞

　　　（卵子についてはSTEP6のp.138を見てください）

受精卵：卵管で精子と受精して子宮に着床するまでの卵子

　　　　（人では、受精〜発生第1週末）

胚子：桑実胚、胚盤胞を含めて、胚子らしい外形ができるまで

　　　（人では、発生第2週はじめ〜第8週末）

胎子＊：種特有の外形がつくられてから出産まで

　　　　（人では、発生第9週はじめ〜出産）

発生学の勉強方法

　残念ながら、犬の発生学はあまり調べられていませんが、人では詳しく調べられています。そもそも発生学は、点ではなく、線として一続きの物語です。ですから、本書では人の発生学を主に説明します。犬の発生学は、わかっている範囲で説明を加えますが、理論は人も犬も同じです。

　おもな違いは、妊娠期間、胎子数、着床の場所や胎盤などです。

妊娠期間は？

人：最終月経の開始から280日（40週）、正確には受精後266日（38週）

犬：交尾から出産までは58〜63日

胎子数は？

人：1人　犬：4〜8頭

＊人では胎児ですが、動物では胎子です。本書では胎子に統一してあります。

着床の場所（胚子が胎盤をつくる場所）(図7の1) は？

人：子宮内膜内
　　しきゅうないまくない

犬：子宮腔内
　　しきゅうくうない

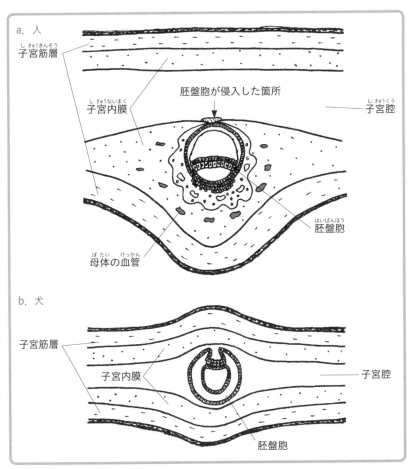

図7の1　人と犬の胚子（胚盤胞）の子宮内の着床の場所

(a) 子宮腔に至った胚子(ここでは胚盤胞)は、子宮内膜に深く侵入し、着床します。このような着床を壁内着床といいます。

(b) 胚子(胚盤胞)は、子宮内膜に接着し、子宮腔で着床します。このような着床を表面着床(中心着床)といいます。

発生学の勉強方法をなるべく簡単でわかりやすくしようと思ったのですが、まず用語が多すぎますね。

例えば、ドラえもんの漫画を読む場合、ドラえもん、のび太、しずか、ジャイアン、スネ夫を頭におき、他の登場人物は気にしないで読むのです。p.146に発生学のコラム（**わん！ポイント** 発生学の骨）を挿入しました。おもな登場人物（今回の場合は用語）と話の概略を書きました。このコラムを見ながら主な用語を頭に置いてあきらめないで本文を読んでくださいね。胎盤については後で説明します。

人の排卵から着床まで（図7の2）

- 排卵とは？
 二次卵母細胞が卵巣から放出される瞬間です。
- 着床とは？
 胚子が子宮内膜にくっついたり、侵入して位置を占めることです。

❶卵子は、二次卵母細胞で排卵されます。受精されないと、そのまま死滅します。そもそも卵子に精子が受精して、発生学がはじまります。

- 卵子が透明帯という厚い膜で包まれているわけ？

 1個の精子しか卵子に入らないようになっています。
 受精卵が卵管で着床できないようになっています。

❷精子は、卵管の卵巣近くにある卵管膨大部（卵管が太くなっています）でまっています。1個の精子だけが二次卵母細胞の中に入ります。すると、二次卵母細胞は有糸分裂して、卵子になります。卵子の核を女性（犬では雌性）前核（染色体数は半数）といいます。

❸受精卵には、卵子由来の核＝女性（犬では雌性）前核（染色体数は半数）と精子由来の核＝男性（犬では雄性）前核（染色体数は半数）があります。このとき有糸分裂に必要な紡錘糸もあらわれています。

わん！ポイント

発生学の骨
·················

ほかの用語をほっといても
OK ですが、以下の用語は
大切‼ このコラムを見ながら
本文を読んでくださいね。

ガンバッテポーズ

らんし せいし じゅせい
卵子に精子が受精（図7の2の❷）

はいばんほう ないさいぼうかい がいさいぼうかい
胚盤胞（内細胞塊＋外細胞塊）（図7の2の❼）

内細胞塊   外細胞塊

がいはいよう しんけいけい ひふ ひょうひ
外胚葉：神経系、皮膚の表皮などに
（図7の5の❶）

えいようまく
栄養膜（図7の5の❶）

ちゅうはいよう ひにょうきけい ほね きんにく
中胚葉：泌尿器系、骨、筋肉などに
（図7の6の❹と図7の7の❷）

じゅうもうまく
絨毛膜（図7の14）

ないはいよう しょうかきかん こきゅうきかん
内胚葉：消化器官、呼吸器官などに
（図7の5の❶）

ぼたい だつらくまく
←母体の脱落膜が加わる

たいし
胎子へ

たいばん
胎盤

その他に重要なこと

はいがいちゅうはいよう
• 外胚葉から胚外中胚葉（図7の5の❸）、中胚葉（図7の7の❷）と
ようまく
羊膜（図7の5の❶と図7の6の❹）ができます

らんおうのう
• 内胚葉から卵黄嚢（図7の5の❹と図7の6の❹）ができます

えいようげん
栄養源

らんし
卵子→卵子自身（図7の2の❶～❻）

はいし しきゅうにゅう
胚子→子宮乳（図7の2の❼）

たいし ぼたい けつえき
胎子→母体の血液（図7の5の❸）

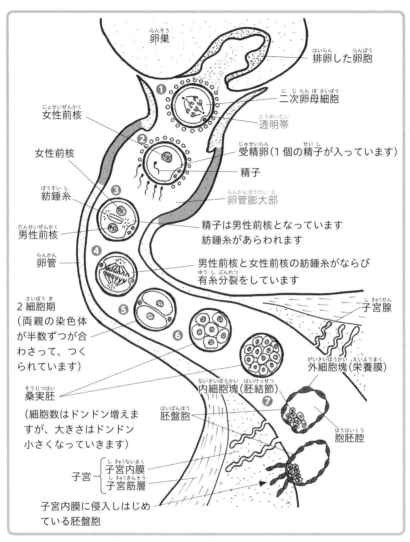

図7の2　人の発生第1週（排卵〜着床）

紡錘糸は卵子由来です。

❹男性前核と女性前核から親の1個の体細胞分の染色体（人：46個、犬：78個）があらわれています（このように、男親と女親の遺伝子

は半分ずつ混じります）。

❺有糸分裂により、2個の細胞に分裂して2細胞期になります。その後、細胞は有糸分裂でどんどん増えていきます。

❻12〜16個の細胞になると、外観が桑の実のように見えるので、桑実胚といいます。このころに、子宮に到達します。

❼子宮に到達するころに透明帯がなくなると、子宮が分泌する液が入り込んで、胚盤腔という腔ができます。この胚子を胚盤胞と呼びます。2種類の細胞、内細胞塊（胚結節）と外細胞塊（栄養膜）に分かれます。内細胞塊は胚子になる細胞で、外細胞塊は胎盤になる細胞です。

　透明帯がなくなると、子宮からの分泌物（子宮乳といいます）を栄養膜が吸収して胚盤胞は成長して子宮内膜に着床します。一方、透明帯がある間は、卵子内に含まれている細胞自身の栄養源を使います。

• 精子が膣から卵管膨大部に至る方法
　精子は、膣、子宮、卵管の蠕動運動によって膣から子宮を経て卵管膨大部に運ばれます。

• 受精卵が卵管膨大部から子宮に到達する方法
　受精卵は、卵管の蠕動運動＊により子宮の方向に送られます。

＊蠕動運動とは
　卵管、子宮、膣の壁には一続きの筋層があります。例えば卵管では、受精卵の手前にある筋肉が縮むと、受精卵が子宮の方向に送られます。卵管の筋肉が順に縮み、受精卵が子宮に送られます。このように卵管が卵子を子宮に送る運動です。イモムシが動くように見えるので蠕動運動といいます。

受精から子宮に着床するまでの期間は？

　人では5〜7日です。犬では8〜10日で複数の桑実胚が子宮に到達します。その後1週間、胚盤胞は子宮乳で栄養を取って発育を続けながら子宮腔内を浮遊した状態で漂い、子宮角に均等に分布して着床します（発生第17〜18日）（図7の3）。

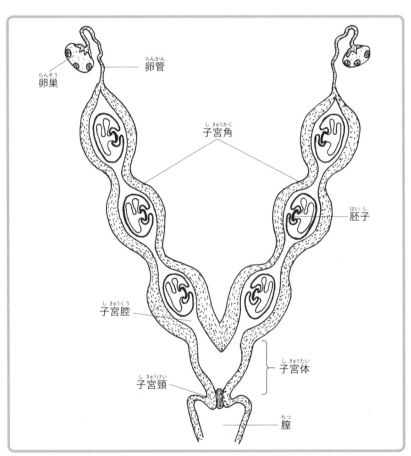

図7の3　犬胚子の子宮内の場所
子宮に到達した桑実胚は、1週間発達を続けながら、子宮腔内を漂います。その間に、胚盤胞となった胚子は子宮腔内を均等に分布し、子宮腔内で胎盤をつくります。

◆豆知識◆

受精卵のために子宮はどのような準備をしているか？

人でも犬でも、子宮は子宮内膜、子宮筋層、子宮外膜に分けられます（図7の4）。子宮内膜は胎盤がつくられる場所です。次のような準備をしています。

子宮内膜の厚さが増えます。子宮内膜にあるたくさんの子宮腺は、粘液というドロドロした液とグリコーゲンなどの

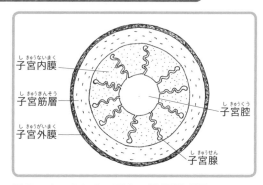

図7の4　人と犬の子宮の横断模式図

子宮は、子宮腔から順に子宮内膜、子宮筋層、子宮外膜にわかれます。子宮内膜にはたくさんの子宮腺があり、妊娠中は胚子に与えるたくさんのグリコーゲンや粘液などの栄養分（子宮乳）をつくります。

栄養分（子宮乳）をたくさん合成・分泌します。また、血管（動脈、静脈、毛細血管）が増えていますが、しばらくの間、子宮乳は胚子の栄養源です。

人の二層性胚盤*の形成（図7の5）

胚盤胞が子宮内に入り込むころにおこる変化は？

胚盤胞の周囲を囲む栄養膜の細胞が増えるとともに、細胞の境界がなくなり、栄養膜合胞体がつくられます。このようにして、栄養膜層の外側に栄養膜合胞体がみられます。

---

*胚盤とは外胚葉、内胚葉、中胚葉のことです。

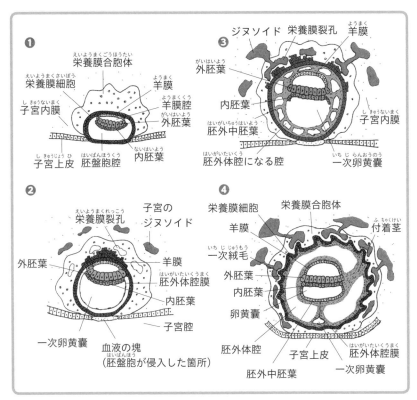

図7の5　人の発生第2週（二層性胚盤の形成）
栄養膜合胞体が子宮内膜を破壊しながら、胚盤胞は子宮内膜内に侵入します。つい
には、子宮内膜内で胎盤をつくります。人の胎盤は、子宮内膜内で形成されること
が特徴です。ジヌソイド：内腔が広くなった毛細血管。

- **• 栄養膜合胞体とは？**

　栄養膜細胞の細胞膜がなくなり、多くの栄養膜細胞が融合した細
胞です。子宮内膜をどんどん侵食するのが仕事です。

❶発生第8日に、胚盤胞は子宮内膜に完全に埋没して、子宮内膜に
着床します。内細胞塊（胚結節）の細胞は、表面の外胚葉とその下
にある内胚葉の二層の細胞層（二層性胚盤）に分かれます。

STEP 7 発生

- **外胚葉は何に分化するか？**
 中枢神経、末梢神経、皮膚の表皮、鼻・耳・眼の感覚上皮、乳腺、汗腺、歯のエナメル質など

- **内胚葉は何に分化するか？**
 消化管、肝臓、膵臓、呼吸器など

胚盤胞の外胚葉を囲むように、外胚葉がドーム状の羊膜という袋をつくります。

- **羊膜の役割は？**
 羊膜腔には羊水という水がたまり、胚子や胎子を臍帯で羊水に吊るしています。外界の衝撃から胚子や胎子を守ります。胚子や胎子が羊膜にくっつくのを防ぎます。また、胚子や胎子の運動を助けます。出産時に子宮頸を広げます。

❷発生第9日に、胚盤胞はさらに子宮内膜に埋没します。栄養膜合胞体にたくさんの空胞があらわれ、合わさって栄養膜裂孔になります。外胚葉は下の方に向かって胚外体腔膜という袋をつくり、栄養膜の内面を裏打ちします。新しくできた腔を一次卵黄嚢といいます。胚外体腔膜や一次卵黄嚢は重要ではありません。

❸発生第11〜12日に、胚盤胞は完全に子宮内膜に埋没します。栄養膜合胞体は、子宮のジヌソイド（腔が広くなった**毛細血管***）を侵食します。それで、子宮の血液は栄養膜裂孔の中に入りますので、胚盤胞は母体から多くの栄養分や酸素（子宮乳と比較できないくらいの栄養源です）をもらうことになります。胚子はどんどん成長します。

＊毛細血管とは
STEP2循環器系の豆知識（p.51〜52）を参考にしてください。

　外胚葉で胚外中胚葉がつくられて栄養膜の内面と一次卵黄嚢の間、栄養膜と羊膜の間を埋めます。次に、胚外中胚葉の中に多くの腔が生まれます。この腔を胚外体腔といいます（胚外体腔は重要ではありません）。

❹発生第13日に、内胚葉は胚外体腔膜に沿って増えて、新しい袋（卵黄嚢＝原腸）をつくります。このときに、一次卵黄嚢は追いやられて小さな袋になり消えていきます。胚外中胚葉の中にある多くの腔は合わさって大きな胚外体腔となります。

• 卵黄嚢の役割は？

　腸管になる袋です。鳥では栄養源となる卵黄（鶏の卵の中の黄身）を入れていますが、哺乳類では単純な袋です。

• 胚外中胚葉の役割は？

　どんどん増えて、栄養膜、羊膜、卵黄嚢の裏打ちをして、それぞれの膜を補強します。胚子や胎子と栄養膜を連絡する付着茎をつくります。

• 付着茎とは？

　胚子や胎子と栄養膜や胎盤とつないでいる組織です。付着茎の中に血管が発生すると臍帯となります。

犬の二層性胚盤の形成 （図7の6）

　胚盤胞が子宮腔を漂っている間（発生第8日〜18日ぐらい）に、子宮乳でどんどん成長します。次のように二層性胚盤になり、着床します。

❶人と同じように、胚盤胞は栄養膜と胚結節からできています。犬の場合は、胚結節をおおっている部分の栄養膜は、薄くなり被蓋層（名前は重要ではありません）と呼びます。被蓋層はしだいになくなり

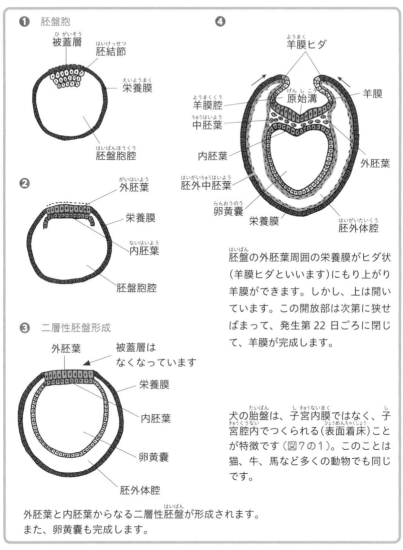

❶ 胚盤胞

被蓋層
胚結節
栄養膜
胚盤胞腔

❷
外胚葉
栄養膜
内胚葉
胚盤胞腔

❸ 二層性胚盤形成

外胚葉
被蓋層は
なくなっています
栄養膜
内胚葉
卵黄嚢
胚外体腔

外胚葉と内胚葉からなる二層性胚盤が形成されます。
また、卵黄嚢も完成します。

❹
羊膜ヒダ
羊膜腔
原始溝
羊膜
中胚葉
内胚葉
外胚葉
胚外中胚葉
卵黄嚢
栄養膜
胚外体腔

胚盤の外胚葉周囲の栄養膜がヒダ状
（羊膜ヒダといいます）にもり上がり
羊膜ができます。しかし、上は開い
ています。この開放部は次第に狭せ
ばまって、発生第22日ごろに閉じ
て、羊膜が完成します。

犬の胎盤は、子宮内膜ではなく、子
宮腔内でつくられる（表面着床）こと
が特徴です（図7の1）。このことは
猫、牛、馬など多くの動物でも同じ
です。

図7の6　犬の二層性胚盤の形成

ます（❷→❸）。
❷被蓋層がなくなると、外胚葉は表面に現れます。外胚葉の下には

_{ないはいよう}
内胚葉があります。

❸内胚葉の外側は、栄養膜に沿って伸びて内胚葉の細胞でできた袋
（卵黄嚢＝原腸）をつくります。このようにして、二層性胚盤がつ
くられます。犬の場合は、このときに羊膜はまだありません（人の
場合とずいぶん違いますね）。

❹胚盤胞の周囲の栄養膜がヒダ状にもり上がり、羊膜ヒダをつくりま
す。このようにして羊膜と羊膜腔はできますが、上は開いたまま
です。その開放部はしだいに狭くなって発生第22日ごろに閉じて、
羊膜が完成します！

STEP
7
発生

人の三層性胚盤の形成（図7の7）

発生第3週中におこる変化では、外胚葉に原始線条と呼ばれる線が
生じて、中胚葉がつくられることが重要です。

❶発生第3週のはじめ、胚盤胞の羊膜を切り取り上から見る（❶b）
と、円盤状です（❶a）。その横断図をみると、二層の細胞（外胚葉
と内胚葉）はくっついています（❶b）。

• 頭端と尾端とは？

とくに覚える必要はありませんが、説明の都合上加えました。胚
子では、頭端は頭が、尾端はシッポ（人でもシッポがありますよ）
ができる胚盤胞の2つの端です。以下の説明の参考にしてください。

❷発生第15日ごろの胚盤胞

胚盤胞の尾端側で外胚葉の細胞が矢印のように移動すると、胚盤
胞の尾端の正中に原始線条という線があらわれます（❷a）。

原始線条に集まった外胚葉の細胞は、外胚葉と内胚葉の間にも
ぐりこみます。このようにできた新しい細胞を中胚葉といいます
（❷b）。このようにして三層性胚盤がつくられます。

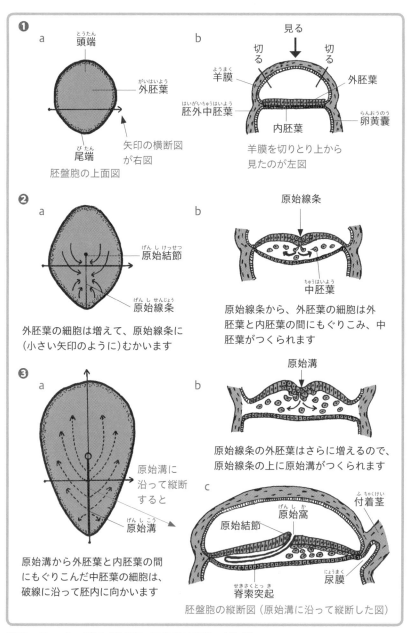

❶
a
頭端（とうたん）
外胚葉（がいはいよう）
尾端（びたん）
矢印の横断図が右図
胚盤胞の上面図

b
見る
切る　切る
羊膜（ようまく）
胚外中胚葉（はいがいちゅうはいよう）
内胚葉（ないはいよう）
外胚葉
卵黄嚢（らんおうのう）
羊膜を切りとり上から見たのが左図

❷
a
原始結節（げんしけっせつ）
原始線条（げんしせんじょう）
外胚葉の細胞は増えて、原始線条に（小さい矢印のように）むかいます

b
原始線条
中胚葉（ちゅうはいよう）
原始線条から、外胚葉の細胞は外胚葉と内胚葉の間にもぐりこみ、中胚葉がつくられます

❸
a
原始溝に沿って縦断すると
原始溝（げんしこう）
原始溝から外胚葉と内胚葉の間にもぐりこんだ中胚葉の細胞は、破線に沿って胚内に向かいます

b
原始溝
原始線条の外胚葉はさらに増えるので、原始線条の上に原始溝がつくられます

c
原始窩（げんしか）
原始結節
付着茎（ふちゃくけい）
尿膜（にょうまく）
脊索突起（せきさくとっき）
胚盤胞の縦断図（原始溝に沿って縦断した図）

図7の7　人の発生第3週（三層性胚盤の形成）

原始線条の前の端にある外胚葉の小さな隆起を原始結節（名前は重要ではありません）といいます（❷a）。

❸発生第16日ごろの胚盤胞

原始線条にたくさんの外胚葉の細胞が集まってくると、原始線条の上に線よりずっと太い溝ができます（❸a）。この溝を原始溝といいます。原始溝からもぐりこんでできた多くの中胚葉の細胞は、破線に沿って前の方、横の方、後ろの方向に移動して、胚盤胞全域に広がります（❸a）。

このようにして胚盤胞は外胚葉と内胚葉に中胚葉を加えて三層になります（❸b）。この三胚葉から、体のすべての器官になります。

• 中胚葉は何に分化するか？

筋肉、骨、軟骨、循環器（心臓、動脈、静脈、リンパ管）、血液（血球、リンパ球）、泌尿器、生殖器、真皮など

発生第16日ごろに、卵黄嚢の後壁から付着茎の方に小さな袋（尿膜）ができます（❸c）。しかし、人では尿膜はなんの役割もしません。犬の所で説明します。

原始結節の場所に、原始窩というくぼみが生じます（❸c）。原始窩に落ち込んだ外胚葉の細胞は、原始溝の延長線上に管状の脊索突起を頭端へ伸ばします（❸c）。

脊索の形成

脊索突起は、管腔を失い充実した綱のようになるので、脊索といいます。形成過程は重要でないので省略します。脊索は、ナメクジウオでは体の支柱になっていますが、人や犬では退化して椎間円盤の髄核になります。また、椎骨形成にもかかわっています。

このように、人の発生第3週の末ごろに、外胚葉、中胚葉と内胚葉が形成されています。中胚葉は、羊膜と卵黄嚢をおおっている胚外

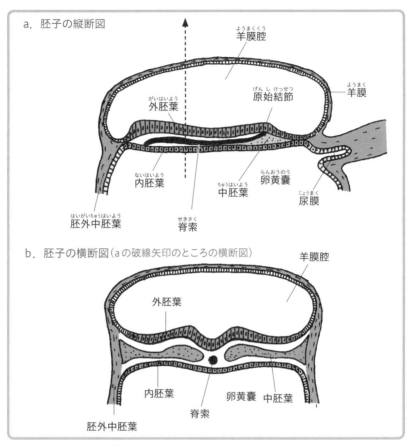

a. 胚子の縦断図

羊膜腔（ようまくくう）

原始結節（げんしけっせつ）

羊膜（ようまく）

外胚葉（がいはいよう）

内胚葉（ないはいよう）

中胚葉（ちゅうはいよう）

卵黄嚢（らんおうのう）

尿膜（にょうまく）

胚外中胚葉（はいがいちゅうはいよう）

脊索（せきさく）

b. 胚子の横断図（aの破線矢印のところの横断図）

羊膜腔

外胚葉

内胚葉

脊索

卵黄嚢　中胚葉

胚外中胚葉

図7の8　人の発生第3週末の胚盤胞

中胚葉（ちゅうはいよう）と接続します（図7の8）。中胚葉と胚外中胚葉の成分（せいぶん）はまったく同じです。

犬の三層性胚盤の形成（図7の6の❹）

犬の中胚葉（ちゅうはいよう）の形成過程（けいせいかてい）は、人とまったく同じです。外胚葉（がいはいよう）の尾端（びたん）

に原始線条ができて（発生15日）、そこから外胚葉の細胞が内胚葉の間にもぐりこんで中胚葉が生じます。

犬の外胚葉、中胚葉と内胚葉は、人と同じ器官に分化します。

中胚葉は、人と同じように先に生じていた胚外中胚葉と接続します。

人の三胚葉の分化

外胚葉、中胚葉、内胚葉の三胚葉は、先に説明した特有の器官に分化します。発生第28日で、胚子の外形的特徴がみられます（図7の9の**⑥**）。この時期は、犬では発生第20日ぐらいです（図7の10の**❸**）。

人の外胚葉の分化（図7の9）

まず、外胚葉が発生第3週の末（22日）に分化します。外胚葉は分化して（**❶→❷→❸→❹**）神経管という管になります。また、神経管以外は、皮膚になる体表外胚葉（**❹**）になります。神経管は脳や脊髄になります。

❶このときに外胚葉は西洋梨形ですが、頭端は尾端より幅が広い（発生第18日）。

❷頭端はさらに発達して、スリッパ状になります。神経板（名前は重要ではありません）といいます（発生第19日）。

❸神経板の側面がもり上がって神経ヒダをつくります。おし下げられた中央の溝を神経溝といいます（発生第20日）。

❹神経溝の上部はくっついて（癒着して）神経管になります。この神経管形成は、頸部にはじまり、頭端と尾端へと進みます（発生第22日）。

胚子の体表を取り囲んだ体表外胚葉に中胚葉由来の真皮と皮下組織が加わると、皮膚になります。

❺神経管の頭端と尾端は開いています（発生第23日）。

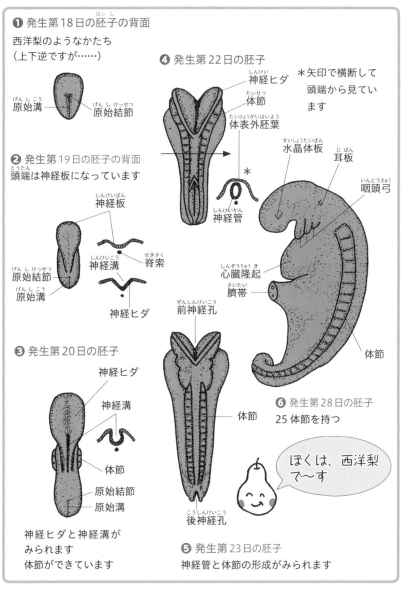

❶ 発生第18日の胚子の背面
西洋梨のようなかたち
（上下逆ですが……）

原始溝
原始結節

❷ 発生第19日の胚子の背面
頭端は神経板になっています

神経板
原始結節
神経溝
原始溝
脊索
神経ヒダ

❸ 発生第20日の胚子
神経ヒダ
神経溝
体節
原始結節
原始溝

神経ヒダと神経溝が
みられます
体節ができています

❹ 発生第22日の胚子
神経ヒダ
体節
体表外胚葉
神経管

＊矢印で横断して
頭端から見てい
ます

水晶体板
耳板
咽頭弓
心臓隆起
臍帯
体節

❺ 発生第23日の胚子
神経管と体節の形成がみられます

前神経孔
体節
後神経孔

❻ 発生第28日の胚子
25体節を持つ

ぼくは、西洋梨
で〜す

図7の9　人の外胚葉の分化

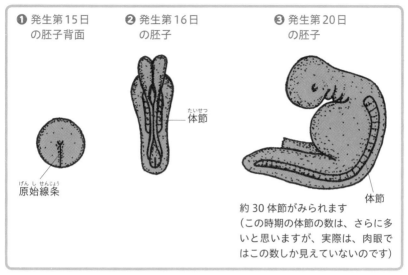

**❶ 発生第15日
の胚子背面**

原始線条

**❷ 発生第16日
の胚子**

体節

**❸ 発生第20日
の胚子**

体節

約30体節がみられます
（この時期の体節の数は、さらに多
いと思いますが、実際は、肉眼で
はこの数しか見えていないのです）

図7の10　犬の外胚葉の分化

❻発生第28日になると、神経管の頭端と尾端は閉じ、人の胚子の外
形は認められるようになります。犬では発生第20日くらいです
（図7の10の❸）。

犬の外胚葉の分化（図7の10）

❶外胚葉背面（図7の9の❶とだいたい同じころ）。

❷神経管のできたころ（図7の9の❹と同じころ）。

❸発生第3週末に、犬の胚子の外形がみられます（図7の9の❻と同じころ）。

人の中胚葉の分化（図7の11）

❶中胚葉は、はじめはまばらで薄い層です。外側は、羊膜と卵黄嚢を
取り巻いている胚外中胚葉とつながります（発生17日）。

❷まもなく中胚葉は、細胞が増えて厚くなり、内側から沿軸中胚葉、

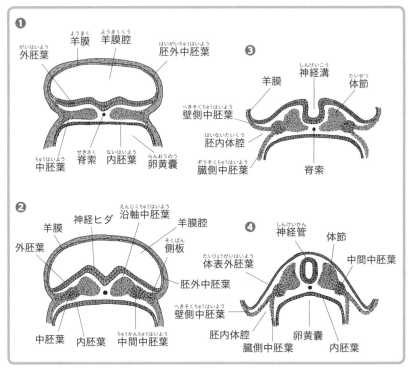

図7の11　人の中胚葉の分化（横断図）

中間中胚葉、側板の3つに分かれます（発生19日）。

❸〜❹外胚葉に神経溝〜神経管ができるころに、沿軸中胚葉は細胞の塊である体節になります（発生3週末）。最初の体節は、胚子の頸のあたりに生じ、頭端と尾端の方につぎつぎあらわれます。5週末までには42〜44対になります。

人の体節の分化（図7の12）

❶4週のはじめまでに、体節は内側から椎板、筋板、皮板の3つに分かれます。

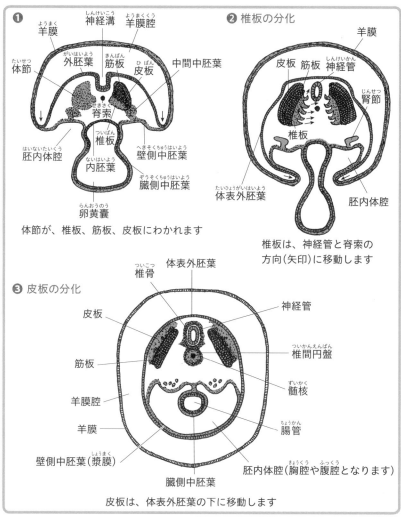

❶
羊膜（ようまく）
神経溝（しんけいこう）
羊膜腔（ようまくくう）
体節（たいせつ）
外胚葉（がいはいよう）
筋板（きんばん）
皮板（ひばん）
中間中胚葉
脊索（せきさく）
椎板（ついばん）
胚内体腔（はいないたいくう）
壁側中胚葉（へきそくちゅうはいよう）
内胚葉（ないはいよう）
臓側中胚葉（ぞうそくちゅうはいよう）
卵黄嚢（らんおうのう）

体節が、椎板、筋板、皮板にわかれます

❷ 椎板の分化
羊膜
皮板 筋板 神経管（しんけいかん）
腎節（じんせつ）
椎板
体表外胚葉（たいひょうがいはいよう）
胚内体腔

椎板は、神経管と脊索の
方向（矢印）に移動します

❸ 皮板の分化
椎骨（ついこつ）
体表外胚葉
皮板
神経管
筋板
椎間円盤（ついかんえんばん）
羊膜腔
髄核（ずいかく）
羊膜
腸管（ちょうかん）
壁側中胚葉（漿膜）（しょうまく）
胚内体腔（胸腔や腹腔となります）（きょうくう　ふっくう）
臓側中胚葉

皮板は、体表外胚葉の下に移動します

図7の12　人の体節の分化（横断図）

❷椎板の細胞は、移動して（**❷**）、神経管を取り囲みます（**❸**）。椎板は、頭蓋（とうがい）、脊柱（せきちゅう）、手足（てあし）の骨（ほね）や軟骨（なんこつ）をつくります。

❸皮板の細胞は、体表外胚葉の下に広がります（**❸**）。真皮と皮下組

織をつくり、体表外胚葉＋真皮＋皮下組織で皮膚をつくります。

　また、皮筋もつくります。皮筋は犬でよく発達していて、皮膚を
ピクピク動かして、皮膚にとまった蚊や虻や蠅を追い払います。

　筋板は、各体節の骨格筋をつくります。

人の中間中胚葉の分化（図7の12）

腎臓、卵巣、精巣、尿管、精管などをつくります。

人の側板の分化（図7の12）

　壁側中胚葉と臓側中胚葉に分かれます。胚内体腔（心膜、胸腔や
腹腔など）ができる（❶〜❸）と、壁側中胚葉は、胚内体腔を囲み、
胸腔や腹腔をおおう漿膜になります（❸）。臓側中胚葉は、肺や腸
管をとり囲みます。

　犬の中胚葉の分化は、人と同じですが、発生時期は調べられてい
ません。

人の内胚葉の分化（図7の13）

❶内胚葉の層は、卵黄嚢の平らな円盤状の屋根をつくっています（発
　生18日）（❶a）。

❷外胚葉に神経溝や神経管が増えてくると、胚子は縦方向に成長する
　とともに頭端も尾端も下方に弯曲する結果、頭尾方向におりたたま
　れます（❷a↓）。そうなると、内胚葉と卵黄嚢の一部が胚子の中に
　取り込まれ、腸管がつくられます。腸管は、胚子の前から前腸、中
　腸、後腸に分かれます（発生24日）。中腸は卵黄嚢と卵黄腸管（臍
　腸管）によりつながっています。卵黄腸管は、はじめは広いですが、
　だんだんと狭くなります（卵黄腸管は重要ではありません）。

　前腸、中腸、後腸は、それぞれ次のように分化します。

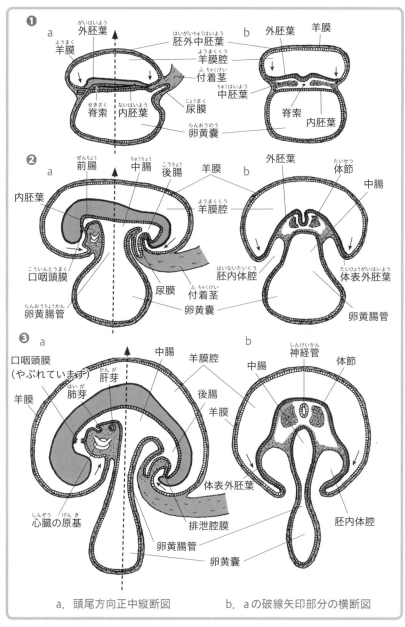

図7の13　人胚子の内胚葉の分化

前腸：咽頭、食道、胃、小腸の一部、肝臓、膵臓、呼吸器など

中腸：小腸の大部分、大腸の前半（上行結腸、横行結腸の一部）

後腸：大腸の後半（横行結腸の残りの部位、下降結腸、S状結腸）、直腸など

❸さらに進むと、内胚葉は、咽頭から肛門までの腸管をつくります（❸a）。口の所は内胚葉と外胚葉の膜（口咽頭膜）で閉じていますが、3週の末に破れて、腸管と羊膜腔はつながります。後腸の所の膜（排泄腔膜）は、9週に破れて直腸は羊膜腔につながります。このときから、胎子は口から羊水を飲み、排泄物を肛門から羊水に出します。羊水中の液は3時間ごとに替わるといわれています。

同じような胚子の折りたたみは、横（側方）でもおこります。原因は、体節の形成と成長です。折りたたみがドンドン進むと、腸になる部分と卵黄嚢として残る部分に分かれます（❶b→❷b→❸b）。

このように、腸管は、受動的に内胚葉と卵黄嚢の一部が胚子の体腔内に取り込まれて生じます。

犬の腸管も同じような方法でつくられます。

栄養膜の発育と絨毛の発生（図7の14）

発生第3週中におこる変化のひとつは、栄養膜の表面にたくさんの絨毯のような突起（絨毛）ができることです。

絨毛は何をするのか？

絨毛は胎盤で、母体の血液から酸素と栄養を受けとり、母体に胚子や胎子の老廃物と二酸化炭素を送ります。それで、表面を広くするために絨毛というたくさんの突起をつくるのです。栄養膜に絨毛ができると、絨毛膜と呼ばれます。

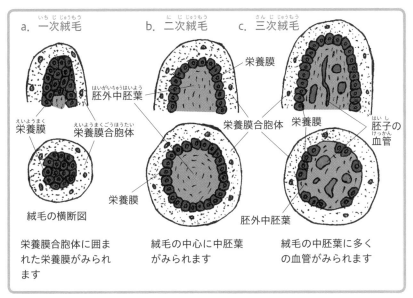

a. 一次絨毛
b. 二次絨毛
c. 三次絨毛

栄養膜

胚外中胚葉

栄養膜

栄養膜

栄養膜合胞体

栄養膜合胞体

栄養膜

胚子の血管

栄養膜

栄養膜

絨毛の横断図

胚外中胚葉

栄養膜合胞体に囲まれた栄養膜がみられます

絨毛の中心に中胚葉がみられます

絨毛の中胚葉に多くの血管がみられます

図7の14　絨毛の発達

絨毛の発達方法（図7の14）は？

❶ 3週はじめまでに栄養膜には一次絨毛があらわれます。一次絨毛は、栄養膜を芯にして、栄養膜合胞体が覆っています（図7の5の❹、図7の14a）。

❷ まもなく、中央に胚外中胚葉が入り込みます。その結果、中胚葉を芯にして、栄養膜が覆い、外側に栄養膜合胞体が覆います。二次絨毛膜といいます（図7の14b）。

❸ 3週末ごろに、中胚葉に多くの血管が生まれて、三次絨毛（完成した絨毛膜）となります（図7の14c）。

人の場合、栄養膜はさらに発達します。どのように？

（このところは、とばしてくださっても結構ですよ）。絨毛が発達して、三次絨毛になる（図7の15a）と、絨毛内の栄養膜細胞は、合胞体

を貫いて子宮内膜（脱落膜）に到達します（図7の15b）。そこで隣の絨
毛の栄養膜細胞とお互いに連なって、薄い栄養膜の上皮（外栄養膜

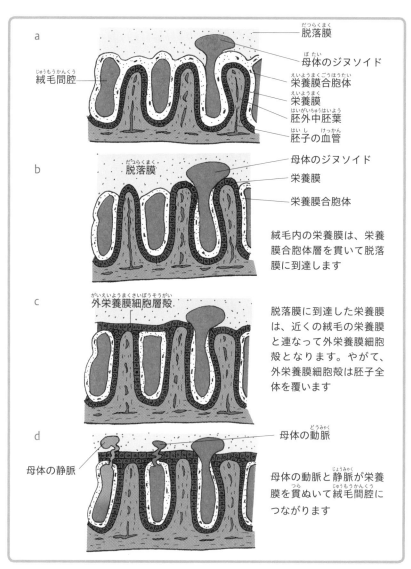

図7の15　栄養膜と絨毛のさらなる発達

細胞層殻）をつくります（図7の15c）。やがて、外栄養膜細胞層殻は胚子全体を覆い、胚子や胎子を子宮内膜に接着させるようになります（図7の15d）。こうなると、これ以上栄養膜合胞体は、子宮内膜を侵食できません。しつこいですが、外栄養膜細胞層殻については理解しなくてもかまいませんよ。

発生第3週中に胚子におこる変化のまとめ

　発生第3週末までに、絨毛内に血管が生じて、三次絨毛が生じます。絨毛内の血管は互いにつながり、付着茎の血管へもつながっていきます（図7の16）。発生第4週で心臓が拍動しだすと、絨毛は胚子に母体

STEP
7
発生

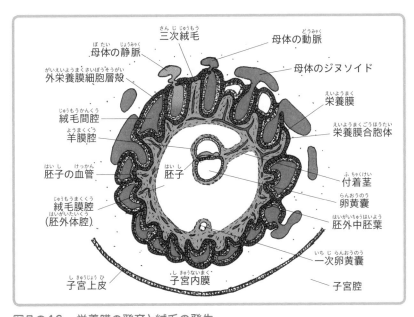

図7の16　栄養膜の発育と絨毛の発生
3週末ごろの人の胚子。三次絨毛がみられます。絨毛、付着茎内には胚子の血管がみられます。

からの酸素と栄養を供給し、母体に老廃物と二酸化炭素を送ります。このようになると胚子は、急に大きくなり胎子へと育ちます。

　胚子内の栄養膜裂孔は互いに合わさって、絨毛間腔という大きな空間となり、母体の血液で満ちています。

　外栄養膜細胞層殻は胚子全体を覆い、胚子を子宮内膜に接着させます（図7の16）。

　胎盤をつくるときに、母体からの血量を多くせねばなりません。そのために、母体の動脈と静脈は外栄養膜細胞層殻を貫いて絨毛膜腔に入り込みます（図7の15d、図7の16、図7の17）。この後、この動脈と静脈は、ジヌソイド（毛細血管腔が広くなったもの）に代わって活躍します。絨毛の発達と母体の動脈の侵入により胎子はさらに大きくなります。

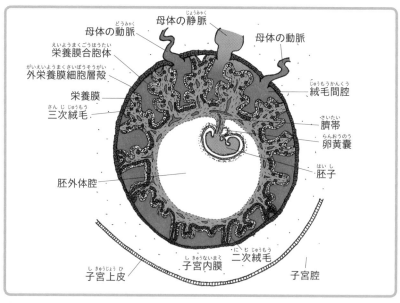

図7の17　　発生第2カ月の人の胚子
胚子側の絨毛は発達が良く、胚子と反対側の絨毛は発達が悪いです。胚子と反対側の絨毛は退行し、胚子側がさらに発達して胎盤をつくります。

　胚子側にある絨毛は発達しますが、胚子と反対側にある絨毛は退化します（図7の17）。その結果、胚子側の絨毛とその部の子宮内膜（基底脱落膜）で胎盤がつくられます（図7の18）。

胎盤の構造

　胎盤は、絨毛膜からなる胎子部と脱落膜からなる母体部に分けられます。

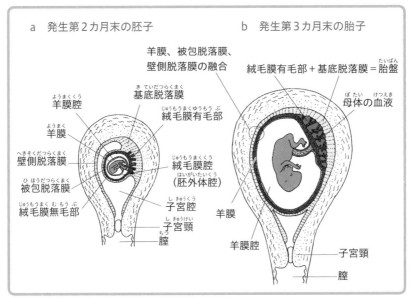

図7の18　人の胎盤の構造

(a) 胚子側では、発達した絨毛がみられます（絨毛膜有毛部）が、反対側では絨毛がなくなっています（絨毛膜無毛部）。また、胚子側の脱落膜（基底脱落膜）も発達しています。

(b) 胎子の成長にともなって、羊膜がおおきくなって絨毛膜と融合し、絨毛膜腔がなくなっています。また、被包脱落膜と壁側脱落膜は融合し、子宮腔もなくなっています。

●絨毛膜とは？

　栄養膜の全表面には絨毛が覆うので、栄養膜を絨毛膜と呼びます（図7の17、18）。妊娠が進むにつれて、胚子側の絨毛は発育しますが、胚子と反対側では絨毛はなくなっていきます（図7の17）。発生第2カ月末では、胚子側の絨毛膜には発達した絨毛がたくさんあるので、絨毛膜有毛部と呼びますが反対側は絨毛がないので絨毛膜無毛部と呼びます（図7の18a）。

●脱落膜とは？

　胎盤をつくる子宮内膜の部位で、出産のときに子宮から剥離します。脱落膜は、胎盤をつくる基底脱落膜と絨毛膜無毛部を覆う脱落膜（被包脱落膜）、子宮の他の部位を覆う壁側脱落膜に分かれます（図7の18a）。羊膜腔が大きくなると、羊膜と絨毛膜がくっつき、被包脱落膜と壁側脱落膜がくっつくと子宮腔は消失します（図7の18b）。

　脱落膜は、基底脱落膜だけが重要です。

胎盤

　発生第3カ月末ごろに、胎盤は胎子部（絨毛膜有毛部）と母体部（基底脱落膜）によりつくられます（図7の18b）。臨月で胎盤は円盤状ですので、人の胎盤を円盤状胎盤（盤状胎盤）と呼びます（図7の19）。胎盤は、胎子娩出後約30分で排出されます。しかし、脱落膜の大部分は一過性に子宮に残り、続いておこる子宮出血により排出されます。

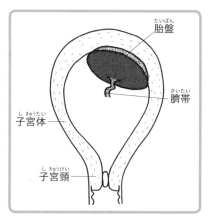

図7の19　人の胎盤
人の臨月の胎盤は円盤状をしているので、円盤状胎盤（盤状胎盤）といいます。

犬の胚子の胎膜について（図7の20）

　胚子（胚盤胞）は、子宮に到達すると1週間子宮腔を漂っています。その間に、子宮腺から分泌される子宮乳を栄養膜が吸収しています。

- 絨毛膜：まもなく栄養膜に絨毛ができて絨毛膜が発達すると、胎盤がつくられます。

- 羊膜：発生22日ごろに羊膜ヒダが閉じると、羊膜が完成します。

- 卵黄嚢：内胚葉と卵黄嚢の上の部分は、人と同じ方法で胚子内に取り込まれて腸管になります。下部が卵黄嚢として残りますが重要ではありません。腸管は、人と同じように前腸、中腸、後腸に分かれ、消化器や呼吸器になります。

- 尿膜：後腸から後ろに膨らんでできた袋です。人では尿膜はなくなっていきますが、犬では大きくなります。胎盤の所で説明します。

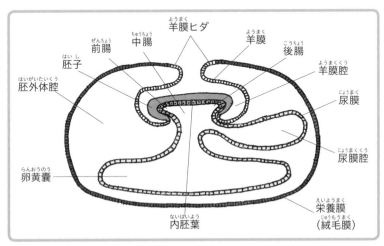

図7の20　犬胚子の胎膜

173

STEP
7
発生

犬の胎盤（図7の21）

　胚盤胞が子宮内膜に表面着床（中心着床）する（発生第22～23日）と、絨毛膜の中央を絨毛膜有毛部が帯状に取り囲みます。絨毛膜有毛部の絨毛は子宮上皮を壊す程度に子宮内膜に侵入し、対応する子宮内膜が脱落膜になり、胎盤をつくります。このように、犬の胎盤は、胎膜を帯状に取り囲むので帯状胎盤といいます（図7の21、図7の22）。

　帯状胎盤の両端には、母体血液の漏れでた部位があり、血腫部（周辺血腫）と呼びます（図7の21、図7の22）。絨毛が入り込んで、胎子は母体の赤血球、とくに鉄分を吸収します。ヘモグロビンの分解産物

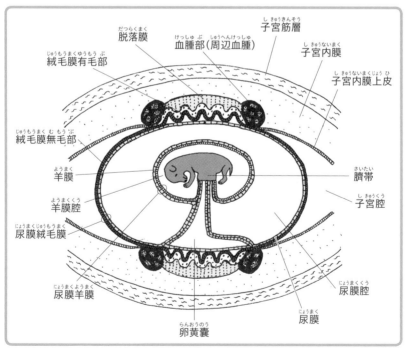

脱落膜
子宮筋層
血腫部（周辺血腫）
子宮内膜
絨毛膜有毛部
子宮内膜上皮
絨毛膜無毛部
羊膜
臍帯
羊膜腔
子宮腔
尿膜絨毛膜
尿膜羊膜
尿膜腔
卵黄嚢
尿膜

図7の21　犬の胎子の胎膜と胎盤の関係

によって緑色をしています。猫では褐色です。胎子と母体の血液は混ざりません。胎子と母体の血液は胎盤で接して、胎子から老廃物と二酸化炭素が母体へ、母体から栄養と酸素が胎子に移動します。犬や猫を含む食肉動物でみられる血腫部は胎子が母体の赤血球を栄養の一部として使用すると考えられていますが、ほかに重要な理由があるかも知れません。犬の後産で緑色をしているのはこの部分です。

　犬の胎膜で、人と違うのは、尿膜が非常に大きくなることです。外側は絨毛膜とくっつき、尿膜絨毛膜になり、内側は羊膜とくっつき、尿膜羊膜となります。犬では、尿膜腔中の尿膜水と羊膜中の羊膜水が胎子を衝撃から守っていることになります。また、尿膜水の中に

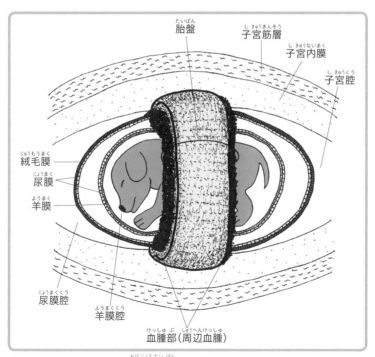

図7の22　犬の胎盤（帯状胎盤）

は胎子の尿がたまっていますが、絨毛膜を介して母体に運ばれます。

• 臍帯＊：犬では付着茎はなく、胎子の腹の部位に臍帯があります。臍帯は、羊膜に囲まれていて、中には尿膜、卵黄嚢、臍動脈、臍静脈などがみられ、胎盤につながっています。

わん！ポイント

さらしの腹帯

拙宅で、雄犬（名前は次郎）を交配させて、妊娠した雌犬（Q）に仔犬を産ませた経験があります。出産した日の早朝から、Qは、仔犬達にお乳を飲ませていました。後産も臍帯もすべて食べて処理していました。私は、Qのお産の補助を何もしなかっ

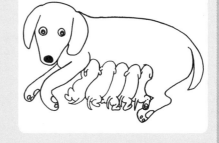

たので、ホッとしました。このように、犬は、多くの場合、多数の赤ちゃんを産む割には、安産です。人の胎子は、子宮内に深く侵入して胎盤をつくる壁内着床しますが、犬では表面着床だからです。

しかし、犬でも子宮の一部が脱落膜となり、出産の時に剥離して出血しますが、胎盤のつくりのせいで安産なのです。それで、日本では、古来から犬のお産にあやかろうと、妊婦さんたちは妊娠5カ月目に入った最初の戌の日に「さらしの腹帯」をまく習慣があります。

＊医学や獣医学では、臍は"へそ"と読まずに"さい"と読みます。

さくいん
INDEX

さくいん

あとがき

　大学に入学して、憧れであった獣医学の初めての学科は、生理学と解剖学でした。両学科とも体のさまざまな器官の事を学びます。生理学は、器官の働きを学びました。分かりやすく楽しい学科でした。一方、解剖学は、理屈ではなく、器官の位置、形や名称など目新しいことが次々出てきて難解な学科というのが印象でした。でも何か魅力があったので、解剖学教室に入局、山内昭二先生の研究のお手伝いをしました。卒業後、愛知学院大学歯学部解剖学教室の佐野昌雄先生の研究室に就職しました。先生の解剖学の講義を1年間拝聴した時、解剖学はとても面白いと思いました。「人体には不思議がいっぱいつまっている」とわくわくしたものです。先生が母校の名古屋大学医学部の教授に赴任されたのをきっかけに私も連れて行っていただきました。結局、20年間、約500体のご遺体の解剖に携わりました。人体の不思議を頭の中に残したまま、山内昭二先生の研究室、大阪府立大学獣医学科解剖学教室に戻り、約18年間動物の解剖学を学びました。今度は、「人と動物の体のちがいの不思議」に大いに興味を持ちました。ペットブームの中、犬好きの一般の皆様に「人と犬の体のちがいの不思議」を説明させていただこうと思い続けました。医学や獣医学を学んでいらっしゃらない一般の皆様に理解していただくにはどの様にするのか悩みました。易しい説明とイラスト満載の本にしようという結論に至りました。結局、「楽しい解剖学　ぼくとチョビの体のちがい」を2006年に、続きの「続ぼくとチョビの体のちがい」を2008年に学窓社から発刊させていただきました。結構好評であったので、前編を2018年に改訂して第2版として発刊させていただきました。今回、学窓社のご厚意により続編も改訂して、第2版を発刊させていた

だくことになりました。前編を改訂した時に、続編の一部を前編に移しました。それで、続編を改訂するにあたり以前から説明したかった「発生学」を加えました。「たのしい解剖学」の「前編」と同様「続編」は、一般の方々、小学生から高校生、獣医学を学ぶ学生、動物看護師はもちろん臨床獣医師の先生方にも読んでいただける本になったと自負しています。

　最後に、本書の企画に賛同下さり、便宜を図って下さいました（株）学窓社の山口啓子会長に深謝します。さらに、編集、校正、改訂にお世話下さいました同社のスタッフの皆様、特に編集部　林健太氏、山口勝士社長に謝意を表します。

参考図書

1 相賀 徹夫 編集著作　日本百科全書1〜25巻　小学館1984〜1989
2 Adams,D.R. Canine Anatomy. A systemic study.(First edition). The Iowa State University Press 1986
3 新井 康充　ここまでわかった！女の脳・男の脳　ブルーバックス1994
4 伊藤 隆　解剖学講義　南山堂1983
5 今泉 忠明　イヌの力 愛犬の能力を見直す　平凡社新書2000
6 江口 保暘　動物発生学（第2版）　文永堂1995
7 Evans,H.E. and Christensen,G.C. Miller's Anatomy of the Dog.(2nd edition). W.B.Saunders Company 1986
8 及川 弘　犬の生物学　朝倉書店1969
9 加藤 嘉太郎と山内 昭二　改著家畜比較発生学　養賢堂1989
10 加藤 嘉太郎と山内 昭二　新編家畜比較解剖学図説上巻と下巻　養賢堂2003
11 後藤 仁敏と大泰司 紀之 編　歯の比較解剖学　医歯薬出版1986
12 佐々木 文彦　楽しい解剖学 ぼくとチョビの体のちがい（第2版）　学窓社2018
13 Sasaki,F. and Sano,M. Role of the ovary in the sexual differentiation of prolactin and growth hormone cells in the mouse adenohypophysis during postnatal development: a stereological morphometric study by electron microscopy. J.Endocr., 85, 283－289, 1980
14 Sasaki,F. and Sano,M. Roles of the arcuate nucleus and ovary in the maturation of growth hormone, prolactin, and nongranulated cells in the mouse adenohypophysis during postnatal development: a stereological morphometric study by electron microscopy. Endocrinology 119: 1682－1689, 1986
15 沢野 十蔵 訳（Langman,J. 著）人体発生学 正常と異常（第4版）　医歯薬出版1982
16 Snell,R.S. Clinical embryology for medical studies. Little,Brown and Company 1972
17 Dyce,K.M., et al., Textbook of veterinary anatomy.(2nd edition). W.B.Saunders company 1996
18 大地 睦男　生理学テキスト（第4版）　文光堂2005
19 高橋 良　鼻の話　岩波新書1979
20 高山 幹子　いびきのことがよく分かる本　小学館1998
21 月瀬 東 訳（Adams,D.R. 著）図説犬の解剖学　チクサン出版社1988
22 寺田 春水と藤田 恒夫　解剖学の手引き　南山堂1962
23 中野 愛彦　ねこが虫歯にならないわけ　五月書房1995
24 日本獣医解剖学会　獣医組織学（改訂第二版）　学窓社2003
25 日本獣医解剖学会 監修（Kainer,R.A. and McCracken,T.O. 著）　犬の解剖カラーリングアトラス　学窓社2003
26 Nickel,R. et al. Lehrbuch der Anatomie der Haustiere.VI, Verlag Paul Parey 1975
27 Nickel,R. et al., The viscera of the domestic mammals. Verlag Paul Parey 1979
28 Nickel,R. et al., The anatomy of the domestic animals.(Vol.3). The circulatory system, the skin, and the cutaneous organs of the domestic mammals. Verlag Paul Parey 1981

29 Nickel,R. et al., The anatomy of the domestic mammals.(Vol.1). The locomotor system of the domestic mammals. Verlag Paul Parey 1986

30 Nurhidayat, Tsukamoto,Y., Sigit,K., Sasaki,F. Sex differentiation of growth hormone－releasing hormone and somatostatin neurons in the mouse hypothalamus: an immunohistohemical and morphological study. Brain Res., 821 : 309 － 321 , 1999

31 野田 春彦 "いのち"の始まりの物語 大和書房1994

32 馬場 悠男 訳（Leakey,R.著） ヒトはいつから人間になったか 草思社1996

33 Hassanin,A., Kuwahara,S., Nurhidayat., Tsukamoto,Y., Ogawa,K., Hiramatsu,K., Sasaki,F. Gonadosomatic index and testis morphology of common carp（Cyprinus carpio）in rivers contaminated with estroagenic chemicals. J.Vet.Med.Sci.,. 64 : 921 － 926, 2002

34 林 良博と橋本 善春 監訳（Budras,K.－D.著） 犬の解剖アトラス日本語版（第2版） 学窓社2002

35 平岩 米吉 犬と狼 筑地書館1990

36 平方 文男ら 訳（Michael,R.F.著） イヌのこころがわかる本 ダイヤモンド社1979

37 前原 勝矢 右利き・左利きの科学 講談社1989

38 牧田登之監修（Dellman H.－Dieter著） 新版 組織学 学窓社1994

39 松本 淳治 「寝る子は育つ」を科学する 大月書店1993

40 水谷 弘 訳（Orstein,R. and Thompson,R.F.著） 脳ってすごい！ 草思社1984

41 森 於菟 解剖学（改訂8版）1～3巻 金原出版1964

42 山内 昭二 他 監訳（Dyce,K.M. et al.著） 獣医解剖学（第2版） 近代出版1998

佐々木 文彦

昭和17年　大阪市に生まれる
昭和40年　大阪府立大学農学部獣医学科卒業
昭和42年　大阪府立大学大学院修士課程終了
昭和42年　愛知学院大学歯学部解剖学教室勤務
昭和53年　名古屋大学医学部解剖学教室勤務
昭和62年　大阪府立大学獣医解剖学教室勤務
平成5年　　大阪府立大学獣医学専攻獣医解剖学講座教授
平成12年　大阪府立大学大学院獣医学専攻獣医解剖学研究室教授
平成17年3月　同定年退職
大阪府立大学名誉教授、医学博士、獣医師

著書
楽しい解剖学　ぼくとチョビの体のちがい　第2版（学窓社　2018）
やさしいシニアドッグライフ（学窓社　2010）
楽しい解剖学　猫の体は不思議がいっぱい！（学窓社　2011）
しっぽのある天使たち
　──その出会い、別れとペットロス（学窓社　2013）

楽 し い 解 剖 学
続 ぼくとチョビの体のちがい 第2版
定価（本体2,000円＋税）

2021年2月22日　第1刷発行

著者承認
検印省略

著　者　　佐々木文彦
発行者　　山口勝士
発行所　　株式会社 学窓社
　　　　　〒113-0024　東京都文京区西片2-16-28
　　　　　編集部　03-3818-8701
　　　　　URL　http://www.gakusosha.com/
印刷・製本　　株式会社 シナノパブリッシングプレス

ISBN 978-4-87362-778-6